LA CLEF

DU

DESSIN LINÉAIRE

DE L'ARPENTAGE & DU CUBAGE

SUIVIE DE

NOMBREUX EXERCICES D'APPLICATION GRAPHIQUES ET NUMÉRIQUES

à l'usage

Des Écoles primaires, des Pensions de Garçons
et de Jeunes Personnes, des Cours d'Adultes et des Aspirants et Aspirantes
au brevet de capacité

PAR

A. J. VIAUD

INSPECTEUR DE L'INSTRUCTION PRIMAIRE, A LYON
LAURÉAT DE LA GRANDE EXPOSITION UNIVERSELLE DE 1867, A PARIS
OFFICIER D'ACADÉMIE

> Dans l'école primaire, le dessin n'est pas
> une étude de luxe et de simple amusement,
> c'est un objet d'utilité immédiate et même
> d'absolue nécessité.   A. THIRION.
>
> Le dessin linéaire est l'écriture de l'atelier ;
> et cette écriture a, dans ses croquis et dans
> ses plans ou épures, son expédiée et sa calli-
> graphie.
>   A. J. V.

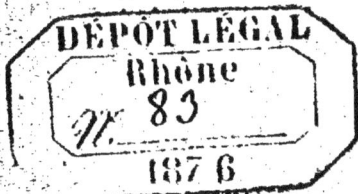

DEUXIÈME ÉDITION

REVUE, CORRIGÉE ET AUGMENTÉE

LYON

BRIDAY, LIBRAIRE-ÉDITEUR

3, AVENUE DE L'ARCHEVÊCHÉ

OUVRAGES DU MÊME AUTEUR

COURS COMPLET DE LECTURE

NOUVELLE MÉTHODE DE LECTURE SIMPLIFIÉE, menant très-rapidement à la lecture courante. Prix en feuilles. . . . . 3 »

PETIT MANUEL DE LA NOUVELLE MÉTHODE DE LECTURE SIMPLIFIÉE, menant très-rapidement à la lecture courante, 1 vol. in-16, cartonné 0 50

LE PREMIER LIVRE DE LECTURE COURANTE APRÈS LES TABLEAUX, faisant suite à toutes les méthodes de lecture. Cartonné. 0 60

LECTURES SCOLAIRES, morales, instructives et attrayantes, suivies des premières leçons de lecture latine. Nouvelle édition considérablement augmentée. Cartonné. 1 50

LYRE POÉTIQUE, ouvrage destiné à servir de livre de récitation et de lecture à l'usage des écoles primaires et des pensionnats. Broché. . . . . 2 »

MANUSCRIT SCOLAIRE, ou *Lectures graduées d'écritures diverses*, à l'usage des écoles primaires, des classes élémentaires et des cours d'adultes. Médaille d'argent à l'Exposition de Lyon. 1 vol. in-8 cartonné. . . . 1 50

GÉOGRAPHIE SCOLAIRE ou *Premières notions de géographie générale*, à l'usage des enfants des deux sexes dans les écoles primaires et les classes élémentaires. 0 50

TABLEAU MURAL DE DESSIN LINÉAIRE ou *Géométrie intuitive des écoles*. Prix en feuilles : 5 fr. Collé sur toile avec gorge et rouleau. . . . 12 »

DIRECTION ET MÉTHODE POUR L'ENSEIGNEMENT DES TRAVAUX MANUELS dans les classes de filles et les écoles mixtes. 0 75

LE PROMPTUAIRE DE LA PENSION, nouveau manuscrit classique à l'usage des jeunes filles. Ouvrage approuvé par Mgr Thibaudier, évêque de Sidonie, auxiliaire de Mgr l'archevêque de Lyon. 1 50

LA CLEF

DU

DESSIN LINÉAIRE

DE L'ARPENTAGE ET DU CUBAGE

PREMIÈRE PARTIE

PREMIÈRE LEÇON

PRÉLIMINAIRES

1. Qu'est-ce que le Dessin linéaire ?

Le *Dessin linéaire* est l'art de représenter par des lignes le contour des surfaces et des corps.

2. Qu'appelle-t-on surface ?

On appelle *surface*, *superficie* ou *aire*, ce qui réunit les deux dimensions longueur et largeur, sans hauteur ou épaisseur. Ainsi un plancher, un plafond, le dessus d'une table, l'étendue d'un champ, d'un jardin, etc., sont des surfaces.

3. Combien y a-t-il de sortes de surfaces ?

Il y a deux sortes de *surfaces*; les *surfaces planes* et les *surfaces courbes* [1].

4. Qu'appelle-t-on surface plane ?

On appelle *surface plane*, ou plus simplement *plan*,

---

[1] Les surfaces courbes sont ou *convexes*, si elles sont bombées, ou *concaves*, si elles sont creuses.

une surface sur laquelle on peut appliquer en tous sens une règle bien droite.

5. Qu'appelle-t-on surface courbe ?

On appelle *surface courbe*, celle qui n'est ni plane, ni composée de surfaces planes.

6. Qu'appelle-t-on corps ?

On appelle *corps*, *solide* ou *volume*, ce qui réunit les trois dimensions : longueur, largeur et hauteur ou épaisseur. Ainsi, une poutre, une barre de fer, un bloc de pierre, etc., sont des corps.

7. Comment divise-t-on le Dessin linéaire ?

Le *Dessin linéaire* se divise en deux branches : le *Dessin linéaire à vue* ou *à main libre*, qui s'exécute sans le secours d'instruments, et le *Dessin linéaire graphique*, dans lequel on fait usage de la règle, de l'équerre, du tire-ligne et du compas. Lorsqu'on ajoute des ombres ou des couleurs au dessin linéaire, soit à vue, soit graphique, il prend le nom de *dessin d'expression*.

8. Quelle est l'utilité du Dessin linéaire ?

Le *Dessin linéaire* est d'une si grande utilité qu'il n'est pas une profession qui n'emprunte le secours de cet art. Disons plus, il n'est pas un seul homme, dans quelque position qu'il se trouve, qui n'ait besoin, dans un moment donné, de traduire sa pensée par un *croquis* une *ébauche* ou un *plan* [1].

---

[1] La connaissance du dessin linéaire est plus qu'utile à l'atelier, elle y est indispensable ; le patron, pour faire confectionner un travail, a forcément recours au dessin linéaire dans l'*épure* qu'il met entre les mains de l'ouvrier ; et l'ouvrier lui-même ne serait-il pas, non-seulement embarrassé, mais dans l'impossibilité de donner à son ouvrage les dimensions exigées, de rendre exactement la coupe et les détails, s'il n'avait, au préalable, appris par le dessin, à *lire* et à *comprendre* le plan qu'il a sous les yeux et qu'il doit suivre et exécuter dans son ensemble et dans ses différentes parties.

DEUXIÈME LEÇON

LIGNES

9. *Qu'est-ce que la ligne ?*

En géométrie, la *ligne* est une longueur sans largeur ni épaisseur ; en dessin, c'est une trace indiquant le passage d'un point à un autre.

10. *Qu'appelle-t-on point ?*

On appelle *point*, l'extrémité d'une ligne, ou l'intersection de deux lignes, ou la rencontre de deux ou de plusieurs lignes. En théorie, le point n'a point d'étendue ; dans la pratique, on est forcément obligé de le représenter sous une forme sensible.

11. *Comment distingue-t-on les lignes ?*

Par rapport à sa nature, une ligne est *droite* ou

À l'école, le dessin linéaire n'est pas d'une utilité moins évidente : le dessin à vue donne de la souplesse à la main, de la rectitude au coup d'œil, de la précision à l'esprit relativement aux dimensions réelles ou réduites des objets, de la hardiesse, de la régularité et de l'élégance à l'écriture. Il est essentiellement propre à révéler chez l'enfant ses aptitudes naissantes pour les formes imitatives. Le dessin à vue est l'écriture première des élèves ; aussi peut-on, dans l'école, commencer à les faire dessiner dès qu'ils y sont admis : ce travail est plein d'attraits pour eux et aide énormément leurs premiers essais en écriture. Plus tard, la géographie lui est redevable de ses cartes muettes et écrites, sans lesquelles cette branche d'enseignement serait d'une aridité désespérante. Le dessin graphique ne doit être enseigné aux élèves que lorsqu'ils possèdent quelques notions de géométrie théorique. C'est alors seulement qu'il convient de leur mettre des instruments entre les mains.

L'arpentage se rattache tout spécialement au dessin graphique ; par cette partie du dessin, les enfants peuvent placer sous les yeux, sur une simple feuille de papier, la configuration exacte d'une propriété, d'une commune, d'un département, etc.

La pensée elle-même emprunte au dessin linéaire, soit à vue, soit graphique, ses lignes et ses traits pour donner l'image des objets, machines, édifices ou systèmes nouveaux qu'elle a conçus.

courbe; et par rapport à sa position ou à son adjonction à une autre ligne, elle est *horizontale, verticale, perpendiculaire, oblique, inclinée* ou *parallèle* à une autre.

12. *Qu'est-ce que la ligne droite ?*

La *ligne droite* est le plus court chemin d'un point à un autre. On la définit encore : celle dont tous les points qui la composent sont situés dans une même direction. Fig. 1, 3, 4, etc. [1].

13. *Qu'est-ce que la ligne courbe ?*

La *ligne courbe* est celle qui n'est ni droite, ni composée de lignes droites : ou encore celle dont les différents points qui la composent ne sont pas dans la même direction. Fig. 2.

14. *Qu'est-ce que la ligne horizontale ?*

La *ligne horizontale* est celle qui suit la direction de l'horizon ou le niveau de l'eau dormante. Fig. 3.

15. *Qu'est-ce que la ligne verticale ?*

La *ligne verticale* est celle qui suit, dans son tracé, la direction d'un fil à plomb librement suspendu. Fig. 4.

16. *Qu'appelle-t-on ligne perpendiculaire ?*

On appelle *ligne perpendiculaire* celle qui ne penche ni d'un côté ni de l'autre par rapport à une ligne droite quelconque qui lui sert d'appui. Telle est A B. Fig. 5.

17. *Qu'est-ce que la ligne oblique ?*

La *ligne oblique* penche plus d'un côté que de l'autre par rapport à la ligne qui lui sert d'appui. Telle est B C. Fig. 5.

---

[1] Selon quelques auteurs, la trace composée de deux ou plusieurs droites prend le nom de *ligne brisée*, et celui de *ligne mixte*, si cette trace est la réunion de lignes droites et de lignes courbes.

18. *Qu'est-ce que la ligne inclinée ?*

La *ligne inclinée*, qu'il ne faut pas confondre avec la ligne oblique, est une trace qui n'est ni verticale, ni horizontale et qui ne tombe sur aucune autre ligne. Fig. 6.

19. *Quand dit-on qu'une ligne est parallèle à une autre ?*

On dit qu'une *ligne* est *parallèle* à une autre lorsqu'elle se trouve placée dans un même plan, de telle façon que l'une et l'autre, en les supposant, si l'on veut, prolongées à l'infini, ne se rencontreraient jamais. Telles sont R S, T V. Fig. 7.

TROISIÈME LEÇON

ANGLES

20. *Comment définit-on l'angle ?*

L'*angle* est l'écartement plus ou moins grand formé par deux lignes droites qui se coupent. Fig. 8, 9, etc.

21. *Qu'appelle-t-on sommet et côtés de l'angle ?*

Dans un angle, le *sommet* est le point de rencontre des deux lignes, et les *côtés* de l'angle sont ces deux mêmes lignes.

22. *De quoi dépend la grandeur d'un angle ?*

La *grandeur* d'un angle dépend de l'écartement de ses côtés et non de leur longueur.

23. *Quel nom prend un angle suivant le plus ou moins d'écartement de ses côtés ?*

Suivant le plus ou moins d'écartement de ses côtés, un angle est droit, aigu ou obtus [1].

---

[1] Dans quelques traités de dessin, il est parlé d'angle curviligne et d'angle mixtiligne, mais cette distinction n'est point généralement

24. *Qu'est-ce qu'un angle droit ?*

On appelle *angle droit*, l'angle formé par la perpendiculaire et la ligne qui lui sert d'appui. Fig. 8.

25. *Qu'est-ce que l'angle aigu ?*

L'*angle aigu* est celui dont l'ouverture est plus
petite que celle de l'angle droit. Fig. 9.

26. *Qu'est-ce que l'angle obtus ?*

L'*angle obtus* est celui dont l'ouverture est plus
grande que celle de l'angle droit. Fig. 10.

27. *Comment appelle-t-on la ligne qui partage un angle en
deux parties égales ?*

Cette ligne se nomme bissectrice.

28. *Comment désigne-t-on un angle ?*

On désigne un angle par la lettre de son sommet. Si
plusieurs angles ont le même sommet, on les désigne
par trois lettres en ayant soin de placer au milieu la
lettre du sommet.

29. *Quelle dénomination prennent les angles formés par des
parallèles coupées par une sécante ?*

Ils prennent le nom d'*alternes internes* lorsqu'ils
sont d'un côté et de l'autre de la sécante, dans l'intérieur
des parallèles et l'ouverture tournée en sens contraire,
6 et 4 ; 5 et 3. Fig. 11.

D'*alternes externes*, s'ils sont d'un côté et de l'autre de la sécante, et hors des parallèles, 7 et 1, 8 et 2.

De *correspondants*, s'ils ont l'ouverture tournée
dans le même sens et situés d'un même côté de la
sécante, 6 et 2, 3 et 7, 1 et 5, 4 et 8.

Enfin d'*intérieurs* s'ils sont compris entre les parallèles et situés d'un même côté de la sécante, 3 et 6, 5 et 4.

---

acceptée : un angle curviligne serait formé par deux courbes et un
angle mixtiligne par une droite et une courbe.

QUATRIÈME LEÇON

SURFACES

POLYGONES

30. Quelle est la plus simple des surfaces ?

La plus simple des *surfaces* est le *triangle*. Fig, 12, 13, etc. C'est une figure terminée par trois lignes droites. Le triangle et toutes les surfaces limitées par des lignes droites portent le nom de *polygones* [1].

31. Combien distingue-t-on de sortes de triangles ?

On distingue sept sortes de *triangles*, dont trois d'après leurs côtés : le triangle *équilatéral,* le triangle *isoscèle* et le triangle *scalène;* et quatre d'après leurs angles : le triangle *équiangle*, le triangle *rectangle*, le triangle *acutangle* et le triangle *obtusangle.*

32. Définissez ces différentes sortes de triangles?

Le *triangle équilatéral* est formé par trois côtés égaux [2]. Fig. 12.

Le *triangle isoscèle* n'a que deux côtés égaux [3]. Fig. 13.

Le *triangle scalène* a ses trois côtés inégaux [4]. Fig. 14.

Le *triangle équiangle* a ses trois angles égaux. Fig. 12.

Le *triangle rectangle* a un angle droit. Fig. 15.

---

[1] Les polygones sont *réguliers* suivant qu'ils ont leurs côtés et leurs angles égaux, et *irréguliers* s'ils ne remplissent pas ces deux conditions.

[2] Le mot *équilatéral* signifie *côtés égaux.*

[3] Le mot *isoscèle* signifie *jambes égales.*

[4] Le mot *scalène* signifie *boiteux,*

1.

Le *triangle acutangle* a tous ses angles aigus. Fig. 12 et 13.

Et le *triangle obtusangle* a un angle obtus. Fig. 14.

33. *Comment appelle-t-on le côté opposé à l'angle droit dans un triangle rectangle ?*

On lui donne le nom d'*hypoténuse*.

34. *Qu'appelle-t-on base, sommet et hauteur d'un triangle ?*

La *base* d'un triangle est indifféremment l'un de ses côtés ; le *sommet* est l'angle opposé au côté pris pour base, et la *hauteur* est la perpendiculaire abaissée du sommet sur la base ou sur son prolongement. Ainsi dans la fig. 12, D est le sommet ; A B, la base, et la perpendiculaire D E, la hauteur.

35. *Quel nom particulier donne-t-on aux polygones de quatre côtés ?*

Les polygones de quatre côtés portent le nom de *quadrilatères*.

36. *Combien distingue-t-on de sortes de quadrilatères ?*

Il y a cinq sortes de *quadrilatères* qui sont : le *carré*, le *rectangle*, le *rhombe* ou *parallélogramme* proprement dit, le *losange* et le *trapèze*.

37. *Qu'est-ce que le carré ?*

Le *carré* est un quadritatère dont les angles sont droits et les côtés égaux. Fig. 16.

38. *Qu'est-ce que le rectangle ?*

Le *rectangle* est un quadrilatère qui a les angles droits et les côtés opposés égaux deux à deux. Fig. 17.

39. *Qu'est-ce que le rhombe ou parallélogramme ?*

Le *rhombe* ou *parallélogramme* proprement dit est un quadrilatère dont les côtés sont égaux et parallèles deux à deux et dont les angles ne sont pas droits[1]. Fig. 18.

---

[1] Toute surface quadrilatère ayant les côtés parallèles, prend le

40. *Quelle est la hauteur du rhombe ou parallélogramme ?*

La *hauteur* du rhombe ou parallélogramme est la perpendiculaire abaissée d'un des côtés parallèles sur son opposé ou sur son prolongement. Telle est C B. Fig. 18.

41. *Qu'est-ce que le losange ?*

Le *losange* n'est autre chose qu'un rhombe ou parallélogramme dont les côtés sont égaux. Fig. 19.

42. *Qu'est-ce que le trapèze ?*

Le *trapèze* est un quadrilatère dont deux côtés sont inégaux et parallèles. Il est dit *régulier*, lorsqu'il a un angle droit. Fig. 20, et *irrégulier*, dans le cas contraire. Fig. 21.

43. *Quelle est la hauteur du trapèze ?*

La *hauteur* du trapèze est la perpendiculaire abaissée d'un des côtés parallèles sur l'autre ou sur son prolongement. Telle est C D. Fig. 21.

44. *Qu'est-ce qu'une diagonale ?*

On appelle *diagonale* la ligne qui joint deux angles non adjacents dans une figure quelconque. Telles sont C D et A B, Fig. 17 et 18.

45. *Quel nom spécial donne-t-on à un polygone de cinq, de six, de sept, de huit, de neuf ou de dix côtés ?*

On donne le nom de *pentagone* au polygone de cinq côtés ; d'*hexagone* à celui de six ; d'*eptagone* à celui de sept ; d'*octogone* à celui de huit ; d'*ennéagone* à celui de neuf, et de *décagone* à celui de dix [1].

---

nom de *parallélogramme* ; ainsi le *carré*, le *rectangle*, le *rhombe* et le *losange* sont des parallélogrammes.

[1] Quant aux polygones qui ont plus de dix côtés, on les désigne ordinairement par le nombre de leurs côtés; ainsi on dit un polygone de douze, de quinze, de vingt côtés, etc.

46. *Qu'est-ce qu'un pentagone régulier — un hexagone régulier, etc. ?*

On appelle *pentagone régulier*, un polygone ayant 5 angles et 5 côtés égaux ; *hexagone régulier*, celui qui a 6 angles et 6 côtés égaux, etc. [1].

CINQUIÈME LEÇON

CERCLE ET CIRCONFÉRENCE

47. *Qu'est-ce que le cercle ?*

Le *cercle* est une surface limitée par une ligne courbe dont tous les points sont à égale distance d'un point intérieur C qu'on appelle *centre*. Fig. 22.

48. *Qu'appelle-t-on circonférence ?*

On appelle *circonférence* la ligne circulaire qui enveloppe le cercle [2].

49. *Quelles sont les lignes qui dépendent du cercle et de la circonférence ?*

Les *lignes* dépendant du cercle et de la circonférence sont : le *diamètre*, le *rayon*, l'*arc*, la *corde*, la *flèche*, la *sécante* et la *tangente*.

50. *Qu'est-ce que le diamètre ?*

Le *diamètre* est une ligne droite qui passe par le centre et se termine de part et d'autre à la circonférence, A B. Fig. 23.

---

[1] Les polygones réguliers se divisent en autant de triangles *égaux* qu'ils ont de côtés ; la perpendiculaire qui mesure leur hauteur commune prend le nom d'*apothème*.

[2] Toute circonférence, grande ou petite, se divise en 360 parties appelées *degrés* ; le degré en 60 *minutes*, et la minute en 60 *secondes*. Le degré s'indique par un petit zéro qui se place à droite du nombre ; la minute par un accent aigu, et la seconde par deux accents aigus. Ex. : 30° 52' 15". Lisez 30 degrés, 52 minutes, 15 secondes.

51. *Qu'est-ce que le rayon ?*

Le *rayon* est une ligne droite qui part du centre et se termine à la circonférence, C D. Fig. 23. Le rayon est la moitié du diamètre.

52. *Qu'est-ce que l'arc ?*

L'*arc* est une partie de la circonférence, E F H. Fig. 23.

53. *Qu'est-ce que la corde ?*

La *corde* est une ligne droite qui joint les deux extrémités de l'arc, E H. Fig. 23.

54. *Qu'est-ce que la flèche ?*

La *flèche* est une portion du rayon qui, partant du milieu d'une corde, se termine à la circonférence, G F. Fig. 23.

55. *Qu'appelle-t-on sécante ?*

On appelle *sécante* une ligne droite qui, passant dans le cercle, coupe la circonférence en deux points, P et R. Fig. 24.

56. *Qu'appelle-t-on tangente ?*

La *tangente* est une ligne qui ne fait que toucher la circonférence en un point, M N. Fig. 24.

57. *Qu'appelle-t-on circonférences tangentes et circonférences concentriques ?*

Deux ou plusieurs *circonférences* sont *tangentes* lorsqu'elles se touchent en un point; elles sont dites *concentriques* lorsqu'elles sont décrites du même centre.

Les circonférences, fig. 25, sont *concentriques*, celles de la fig. 26 sont *tangentes*.

58. *Qu'appelle-t-on spirale ?*

On donne le nom de *spirale* à une ligne circulaire qui s'écarte uniformément d'un point intérieur. La spirale est formée d'arcs raccordés ayant deux, trois ou quatre centres différents. Fig. 27 [1].

59. *Qu'est-ce qu'un secteur ?*

Le *secteur* est une partie du cercle comprise entre deux rayons, A B C. Fig. 28.

60. *Qu'est-ce qu'un segment ?*

Le *segment* est une partie du cercle comprise entre l'arc et sa corde, D E F. Fig. 28.

61. *Qu'est-ce qu'une couronne ?*

La *couronne* est la partie du cercle comprise entre deux circonférences concentriques. Fig. 29.

62. *Définissez l'ellipse ?*

L'*ellipse* ou *ovale* est une figure circulaire formée par quatre arcs de cercle égaux deux à deux et raccordés ensemble. Fig. 30.

63. *Qu'est-ce que l'ovoïde ?*

L'*ovoïde* est une figure circulaire formée par une demi-circonférence et une demi-ellipse. Fig. 31.

SIXIÈME LEÇON

SOLIDES

POLYÈDRES [2] ET CORPS RONDS

64. *Que doit-on considérer dans les solides ?*

Trois parties sont à considérer dans les *solides*; ce sont : les *faces latérales*, la *base* et les *arêtes*.

---

[1] Lorsque des lignes courbes ou des lignes droites et des lignes courbes sont placées de manière à ne former qu'une seule trace, sans angle, ni coude, ni jarret, on dit qu'elles sont *raccordées*.

[2] Les *polyèdres* sont des solides terminés de toutes parts par des surfaces planes qui s'entrecoupent deux à deux. Les polyèdres sont *réguliers* lorsque toutes leurs faces sont des polygones réguliers égaux et que tous leurs angles solides sont égaux entre eux. Il n'y a que cinq

65. *Par rapport aux faces latérales et aux arêtes, comment divise-t-on les solides ?*

Les *solides*, suivant leurs arêtes [1] et leurs faces latérales droites et planes ou courbes, se partagent en deux classes.

Dans la première, on comprend tous les solides ou *polyèdres*, savoir : le *prisme*, le *cube*, le *parallélipipède* et la *pyramide*; dans la seconde, on place les solides appelés *corps ronds*, tels que le *cylindre*, le *cône*, la *sphère* et le *secteur de la sphère*.

66. *Qu'est-ce qu'un prisme ?*

Un *prisme* est un solide dont les deux bases égales et parallèles peuvent se présenter sous la forme de toutes les figures planes rectilignes, et dont les faces latérales sont des parallélogrammes [2]. Fig. 32, 33, 34, etc.

67. *Comment distingue-t-on les différents prismes entre eux ?*

Les *prismes* se distinguent entre eux par le nombre des côtés de leurs bases; ainsi on dit un *prisme triangulaire*, *quadrangulaire*, *pentagonal*, *hexagonal*, *eptagonal*, etc., suivant qu'il a pour base un triangle, un quadrilatère, un pentagone, un hexagone, un eptagone, etc.

---

polyèdres réguliers, qui sont : le *tétraèdre*, l'*hexaèdre* ou cube, l'*octaèdre*, le *dodécaèdre* et l'*icosaèdre*.

Le tétraèdre régulier est terminé par quatre triangles équilatéraux égaux; l'hexaèdre régulier, par six carrés égaux; l'octaèdre régulier, par huit triangles équilatéraux égaux; le dodécaèdre régulier, par douze pentagones réguliers égaux, et l'icosaèdre régulier, par vingt triangles équilatéraux égaux.

[1] On nomme *arête* la ligne de jonction de deux surfaces dans un angle saillant.

[2] Les prismes sont droits ou obliques; il en est de même des pyramides, des cylindres et des cônes.

68. Comment mesure-t-on la hauteur du prisme ?

La *hauteur du prisme* est mesurée par la perpendiculaire abaissée d'une base sur l'autre ou sur son prolongement.

69. Quel nom spécial donne-t-on au prisme ayant pour base et pour faces latérales un carré ?

Il prend le nom de *cube*. Fig. 35.

70. Quel nom spécial donne-t-on au prisme dont la base et les surfaces latérales sont des parallélogrammes ?

On lui donne le nom de *parallélipipède*. Fig. 36. S'il a des rectangles pour côtés et un quadrilatère à angles droits pour base, on le nomme *parallélipipède-rectangle*.

71. Qu'est-ce que la pyramide ?

La *pyramide* est un solide dont la base est un polygone quelconque et les faces latérales des triangles. Fig. 37 et 38.

72. Comment mesure-t-on la hauteur d'une pyramide ?

La *hauteur* d'une pyramide est mesurée par la perpendiculaire abaissée de son sommet sur sa base, si la pyramide est droite, ou sur son prolongement, si elle est oblique.

73. Comment distingue-t-on les différentes pyramides entre elles ?

Les *pyramides* se distinguent entre elles, comme les prismes, par le nombre des côtés de leurs bases; ainsi on donne les noms de *triangulaires*, *quadrangulaires*, *pentagonales*, etc., aux pyramides ayant pour bases un triangle, un quadrilatère, un pentagone, etc.

Lorsqu'une pyramide a sa partie supérieure enlevée par une section parallèle à la base, elle prend le nom de *tronc de pyramide*. Fig. 39.

74. *Qu'est-ce que le cylindre ?*

Le *cylindre* est un solide terminé à ses extrémités par deux cercles égaux et parallèles. Fig. 40.

L'un des cercles est la base du cylindre, et la hauteur est la perpendiculaire qui mesure la distance de l'un à l'autre cercle [1].

75. *Qu'est-ce que le cône ?*

Le *cône* est un solide dont la base est un cercle et le sommet un point ; ou mieux, le *cône* est un solide engendré par la révolution d'un triangle rectangle autour d'un côté quelconque de l'angle droit. Le côté autour duquel s'opère cette révolution mesure la hauteur du cône. L'hypoténuse du triangle rectangle générateur, qu'on appelle encore ligne génératrice, donne la hauteur latérale du cône. Fig. 41.

Lorsque, par un plan parallèle à la base, on enlève la partie supérieure du cône, on obtient le solide appelé *tronc de cône.* Fig. 42.

76. *Qu'est-ce que la sphère ?*

La *sphère* est un solide terminé de toutes parts par une surface courbe dont tous les points qui la composent sont à égale distance d'un point intérieur nommé *centre.* Fig. 43.

77. *Qu'appelle-t-on secteur sphérique ?*

On appelle *secteur sphérique* une sorte de cône dont la base est un cercle pris sur la sphère et dont la hauteur est le rayon même de la sphère, A B C. Fig. 44.

78. *Quelles sont les lignes et les surfaces considérées à l'égard de la sphère ?*

Les *lignes* et les *surfaces* considérées à l'égard de

---

[1] La ligne droite passant p   ... des deux cercles dans un cylindre prend le nom d'*axe*.

la *sphère* sont, pour les lignes : l'*axe* ou *diamètre*, le *rayon* et l'*équateur*; pour les surfaces : les *grands cercles* et les *petits cercles*; le *fuseau*, la *zone* et la *calotte sphérique*.

79. *Qu'est-ce que l'axe ?*

L'*axe* ou *diamètre* est une ligne droite qui, passant par le centre de la sphère, se termine à sa surface, A B, Fig. 45.

Les extrémités de l'axe portent le nom de *pôles*.

80. *Qu'est-ce que le rayon ?*

Le *rayon* est une ligne droite allant du centre à la surface de la sphère, C D, Fig. 45.

81. *Qu'est-ce que l'équateur ?*

L'*équateur* est une ligne qui entoure la sphère et dont tous les points sont à égale distance des pôles, E F G, Fig. 45.

82. *Qu'appelle-t-on grand cercle, — petit cercle ?*

On appelle *grand cercle* la section faite dans la sphère par un plan passant par le centre, et *petit cercle* toute section faite dans la sphère par un plan ne passant pas par le centre [1].

83. *Qu'est-ce que le fuseau sphérique ?*

La portion de surface de la sphère comprise entre deux demi-grands cercles terminés à un diamètre commun, prend le nom de *fuseau sphérique*. Fig. 46 [2].

---

[1] Par rapport au globe terrestre, on donne le nom de *méridien* à tout cercle qui, passant par les pôles, partage la sphère en deux parties égales, et celui de *petit cercle* à tout cercle tracé parallèlement à l'équateur; l'équateur est un grand cercle. Ces lignes sont purement imaginaires.

[2] Le solide enfermé dans le fuseau sphérique prend le nom d'*onglet* ou *coin sphérique*, et celui enfermé dans la calotte sphérique se nomme *segment sphérique*.

81. *Qu'appelle-t-on zone et calotte sphérique ?*

La *zone* est une partie de la surface de la sphère comprise entre deux *petits cercles parallèles*, A B et C D. Fig. 47. Lorsque la zone n'a qu'une base, elle prend le nom de *calotte sphérique* [1]. Fig. 48.

SEPTIÈME LEÇON

MOULURES. — TRAITS DE FORCE

85. *Qu'entend-on par moulures ?*

Par *moulures*, on entend des parties saillantes d'une forme déterminée, destinées à ornementer la pierre, le marbre, le bois, le fer, etc.

86. *Comment divise-t-on les moulures ?*

On les divise en moulures simples et en moulures composées.

87. *Combien compte-t-on de principales moulures simples ?*

On en compte dix qui sont : le *filet*, la *baguette*, le *tore*, la *plinthe*, le *larmier*, le *cavet*, le *congé*, la *plate-bande*, le *quart de rond* et la *gorge*.

88. *Qu'est-ce que le filet ?*

Le *filet*, aussi appelé *listel*, est une petite moulure carrée dont la saillie égale la hauteur. Fig. 49.

89. *Qu'est-ce que la baguette, le tore, la plinthe ?*

La *baguette* ou *cordon* est une petite moulure ronde formée par une demi-circonférence dont la saillie égale la moitié de la hauteur. Fig. 50. Le *tore* est une grosse baguette. Fig. 51. La moulure plate sur laquelle repose le *tore* prend le nom de *plinthe*.

---

[1] Un quartier d'orange est un *coin* ou *onglet sphérique* et la surface convexe est un *fuseau sphérique*.

90. *Qu'est-ce que le larmier, le cavet, le congé ?*

Le *larmier* est une moulure large, très-saillante et creusée en dessous. Fig. 52. La partie supérieure, au-dessous du filet représentant une moulure creuse, porte le nom de *cavet*; le *congé* est un petit cavet.

91. *Qu'est-ce que la plate-bande ?*

La *plate-bande* est une moulure carrée très-simple et légèrement saillante. Fig. 53. La partie comprise entre les deux filets est, suivant les goûts, ou saillante ou rentrante.

92. *Qu'est-ce que le quart de rond ?*

Le *quart de rond* est une moulure convexe formée d'un quart de circonférence. La saillie est la même que la hauteur. Fig. 54.

93. *Qu'est-ce que la gorge ?*

C'est une moulure creuse formée par une demi-circonférence. Fig. 55.

94. *Combien compte-t-on de moulures composées ?*

On compte trois moulures composées, qui sont : la scotie, le *talon* et la *doucine*.

95. *Qu'est-ce que la scotie ?*

La *scotie* est la réunion de deux cavets de grandeur différente dont la saillie est le tiers de la hauteur. Fig. 56.

96. *Qu'est-ce que le talon ?*

Le *talon* est une moulure composée d'un quart de rond et d'un cavet. La saillie est égale au tiers de la hauteur. Fig. 57.

97. *Qu'est-ce que la doucine ?*

La *doucine* est une moulure composée d'un cavet et d'un quart de rond. Cette moulure prend naissance à l'extrémité du filet supérieur et finit à l'extrémité du filet inférieur. Fig. 58.

98. *Quand dit-on qu'une moulure est droite, — renversée ?*

Une moulure est *droite*, lorsque le filet supérieur donne plus de saillie que le filet inférieur. Dans le cas contraire, la moulure est dite *renversée* [1].

99. *D'où est supposée venir la lumière lorsqu'on dessine une chose ou un objet ?*

La lumière est supposée venir éclairer le dessin de gauche à droite en formant, avec l'horizontale, un angle de 45 degrés.

100. *Comment appelle-t-on, par rapport à leur plus ou moins de largeur, les lignes dans un dessin au trait ?*

On leur donne les noms de *lignes de force* ou d'ombre et de *lignes faibles* ou *traits fins*.

101. *Quelle est la différence de largeur de ces deux sortes de lignes ?*

Les *lignes de force* ou *lignes d'ombre* sont le double au moins des *lignes faibles*.

102. *Dans un dessin au trait, quelles sont les lignes qu'on doit représenter fortes ou fines ?*

On représente avec les *lignes fortes* les traits des objets qui ne reçoivent pas directement la lumière et qui sont relativement dans l'ombre. — Les autres traits de l'objet qu'on dessine sont représentés par des *lignes fines* ou *faibles*.

103. *Les lignes de force et les lignes faibles sont-elles d'une grande utilité en dessin ?*

Oui, car sans elles il serait souvent impossible de

---

[1] Dans les *ordres d'architecture*, qui sont au nombre de cinq : l'ordre toscan, l'ordre dorique, l'ordre ionique, l'ordre corinthien et l'ordre composite (formé de l'ordre ionique et de l'ordre corinthien), on trouve une application des principales moulures dont il vient d'être parlé.

lire [1] convenablement un dessin, d'en connaître les parties en creux ou en relief, rentrantes ou saillantes.

La fig. 59, par exemple, indique un cadre plein dont le panneau est en creux, tandis que la fig. 60 représente un cadre semblable au précédent, mais avec cette différence que le panneau est en relief. Si les lignes étaient toutes de même grosseur, il ne serait pas possible de faire la distinction qui vient d'être établie.

Il en serait de même pour les croix représentées, l'une en creux et l'autre en relief, dans les fig. 61 et 62.

HUITIÈME LEÇON

ÉCHELLE DE PROPORTION. — RAPPORTEUR

104. *Qu'appelle-t-on échelle de proportion ?*

On appelle échelle de proportion une ou plusieurs lignes droites parallèles divisées en un certain nombre de parties égales, et dont les unes représentent l'unité linéaire dont on s'est servi, et les autres ses subdivisions [2].

105. *Quel est l'usage de l'échelle de proportion ?*

L'échelle de proportion permet de rapporter, en petit, sur le papier, une carte de géographie, une surface territoriale ou un plan figuratif quelconque.

L'échelle dont on se sert le plus souvent est celle des *dixmes* ou *décimales*.

---

[1] *Lire* ou *comprendre* un plan ou un dessin, c'est être à même de pouvoir donner toutes les explications de détail et d'ensemble qu'il comporte.

[2] L'échelle est tracée sur le bois, sur le cuivre et le plus ordinairement sur le papier.

106. *Que signifient ces expressions échelle de 1 à 100, de 1 à 1000, de 1 à 2000, de 1 à 2500, etc. ?*

Lorsqu'on dit qu'une échelle est de 1 à 100, de 1 à 1000, de 1 à 2000, de 1 à 2500 [1], cela signifie que l'unité linéaire réelle est représentée dans l'échelle par une longueur 100 fois, 1000 fois, 2000 fois, etc., plus petite, ou en d'autres termes, qu'un mètre sur le terrain est représenté par 1 centimètre dans l'échelle de 1 à 100, par 1 millimètre, dans celle de 1 à 1000, etc.

La longueur de l'échelle dépend de la surface du papier sur lequel on veut rapporter le plan, aussi arrive-t-il fort souvent que la longueur prise n'est pas un sous-multiple exact du mètre; dans ce cas, il faut construire une échelle.

107. *Comment construit-on une échelle de proportion ?*

La construction d'une échelle de proportion n'offre aucune difficulté.

La fig. 63 représente une échelle de dixmes ou décimales; elle est formée de 11 lignes parallèles équidistantes, A B, C D, etc., coupées par des perpendiculaires E A, R O, etc., tracées à égale distance. Les lignes E O et A R sont divisées en 10 parties égales, et des obliques R G, P F, etc., joignent ces derniers points de division.

Les chiffres 1, 2, 3, 4, etc., indiquent les mètres; les parties de parallèles comprises entre la ligne oblique R G et la perpendiculaire R O marquent les décimètres.

Maintenant s'il s'agissait de prendre sur l'échelle une longueur de 14^m 50, par exemple, on placerait une des pointes du compas sur la 5e ligne parallèle, au

---

[1] L'échelle de 1 à 2500 est celle qu'on emploie dans le cadastre. — On appelle *cadastre* un plan qui représente et détaille la superficie d'un pays.

point S, et l'autre à la rencontre de cette ligne avec l'oblique portant le chiffre 5 ; l'ouverture du compas donnerait la longueur cherchée.

108. *Qu'est-ce que le rapporteur ?*

Le rapporteur, fig. 64, est un instrument qui sert à mesurer les angles sur le papier.

C'est un demi-cercle en corne transparente ou en cuivre ; mais dans ce dernier cas il est évidé à l'intérieur. Il est divisé en 180 parties égales appelées degrés. Le diamètre prend le nom de *ligne de foi* et la partie graduée, celui de *limbe*.

Le centre C, au milieu de la ligne de foi, est marqué par un point ou par une petite entaille.

109. *Comment mesure-t-on un angle avec le rapporteur ?*

Soit proposé de mesurer dans le triangle D A B, fig. 12, l'angle A ; on place la ligne de foi sur le côté A B, de manière que le centre C du rapporteur se trouve au sommet A de l'angle ; le côté A D, que l'on prolongera, s'il est besoin, en passant par une des divisions du limbe, déterminera en degrés la valeur de l'angle donné.

110. *Quelle est la mesure d'un angle droit, d'un angle aigu et d'un angle obtus ?*

L'angle droit mesure toujours 90 degrés ; l'angle aigu, moins de 90 degrés, est l'angle obtus plus de 90 degrés.

111. *Qu'appelle-t-on complément et supplément d'un angle ?*

Le complément d'un angle est ce qu'il faudrait ajouter à cet angle pour avoir un angle droit.

Le supplément d'un angle est ce qu'il faudrait ajouter à cet angle pour obtenir 180 degrés ou 2 angles droits.

EXERCICES GRAPHIQUES

Vérification de la règle et de l'équerre.

Avant de se servir d'une règle ou d'une équerre, il faut s'assurer que la règle est droite et que l'équerre est juste.

Pour vérifier si une règle est droite, on trace une ligne très-fine à l'aide d'un crayon bien appointé, puis, tournant la règle sens dessus dessous et de manière à ce qu'elle affleure la ligne tracée, on tire une nouvelle ligne qui doit se confondre exactement avec la première, si la règle est droite.

Pour s'assurer si une équerre est juste, il faut tracer une ligne avec une règle déjà vérifiée, et poser le petit côté de l'angle droit de l'équerre sur cette règle qu'on a eu soin de ne pas déplacer ; on trace alors une ligne en se servant de l'autre côté de l'angle droit ; puis, retournant l'équerre de manière que le petit côté de l'angle droit soit toujours appuyé sur la règle et que l'autre soit rapproché aussi près que possible de la ligne précédente, on tire une nouvelle ligne qui doit coïncider parfaitement avec cette dernière si l'équerre est juste.

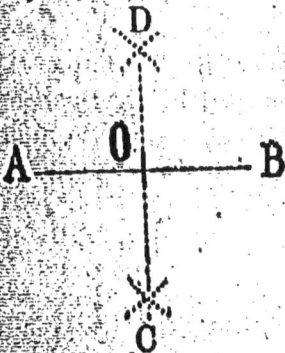

Diviser la ligne A B en deux parties égales.

Avec une ouverture de compas plus grande que la moitié de A B et des points A et B comme centres, décrivez des arcs de cercle qui se coupent en C et en D ; joignez D C, et le point O, intersection des deux lignes, sera le milieu de A B.

Diviser une ligne droite en un nombre quelconque de parties égales.

Il y a plusieurs moyens :

1° Par le tâtonnement. On se sert du compas, dont on ouvre les

2

branches d'une longueur à peu près égale à la division demandée ;
on porte cette longueur sur la ligne autant de fois qu'elle peut y
être contenue. Si l'ouverture est trop grande ou trop petite, on la
diminue ou on l'augmente jusqu'à ce qu'elle soit contenue le nombre exact de fois demandé dans la ligne donnée.

2° Par un triangle équilatéral :
Soit la ligne G à diviser en cinq parties égales.

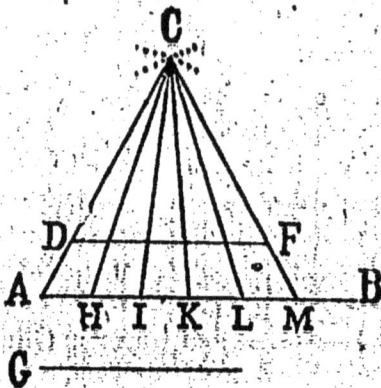

Sur une droite quelconque A B
plus grande que G, on prend cinq
parties égales A H, H I, etc.,
puis, sur la ligne A M on construit un triangle en décrivant
des arcs de cercle se coupant
en C avec A M pour rayon et A
et M pour centres ; on prend
ensuite C D et C F égales à G ;
on joint D F et l'on tire C H, C I,
C K, etc. ; et la ligne D F se
trouve partagée en cinq parties
égales.

3° Par une ligne formant angle avec la ligne donnée :

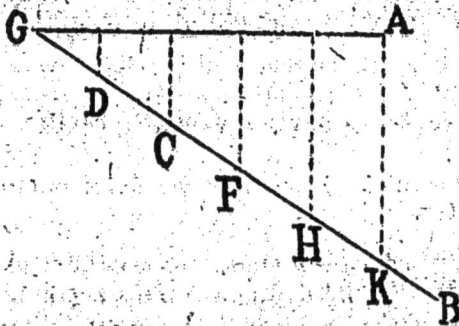

Soit la ligne G A à par-
tager en cinq parties égales.
Menez G B sous un an-
gle quelconque ; prenez sur
cette ligne, et à volonté, cinq
parties égales G D, D C, etc. ;
joignez K A et par les
points H, F, C, D, menez
des parallèles à cette ligne ;
les points où les parallèles
viendront couper G A seront les points cherchés.

4° A l'aide de l'échelle de division :
L'échelle de division est un triangle rectangle indéfini A B C dont
on a partagé les côtés de l'angle droit en un nombre quelconque de
parties égales.
Sur A C sont élevées des perpendiculaires aussi rapprochées que
possible, et les points de division de la ligne B C sont joints au
sommet par des obliques.

Pour diviser une ligne en sept parties à l'aide de cette échelle, on prend la longueur de cette ligne avec le compas; on pose l'une des branches sur l'oblique n° 7, on descend cette oblique jusqu'à ce que l'on rencontre une perpendiculaire élevée ou à élever, égale à l'ouverture de compas. L'une des divisions de cette perpendiculaire est la septième partie de la ligne donnée.

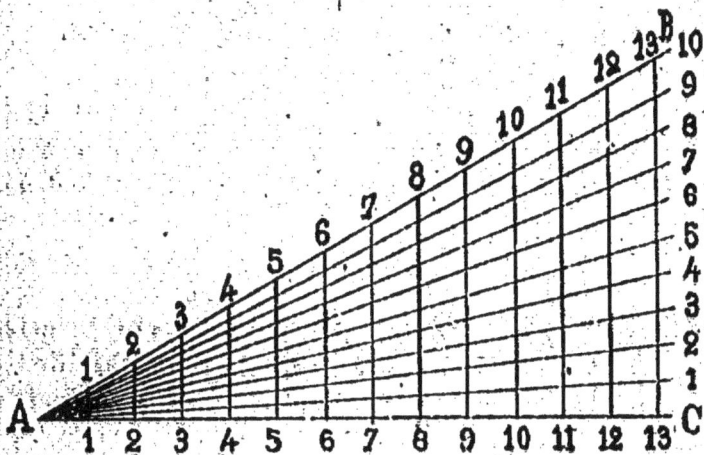

L'*échelle de division* donne le moyen de diviser les lignes, mais on se sert principalement de cet instrument lorsqu'on fait un dessin dont on veut augmenter ou réduire les dimensions.

Diviser une droite AB en trois parties proportionnelles aux nombres 2, 5 et 7.

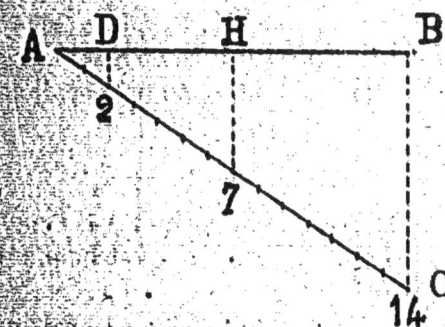

Au point A, sous un angle quelconque, tirez la ligne A C; portez sur cette ligne 2 + 5 + 7 ou 14 divisions égales et à volonté. Joignez le dernier point, celui de la quatorzième division, au point B; puis, par les points de division 2 et 2 + 5 ou 7, tirez des parallèles à cette dernière ligne jusqu'à la rencontre de A B en D et H, et ces points diviseront A B proportionnellement aux nombres 2, 5 et 7.

C D F   S'il fallait diviser A B, dans la figure précédente, en parties proportionnelles à 3 droites données, C, D, F, on prendrait sur A C, et à la suite les unes des autres, des longueurs égales aux lignes C, D, F ; on joindrait B au dernier point marqué et par les autres points précédemment indiqués, on mènerait des parallèles à cette ligne.

Élever une perpendiculaire sur une droite donnée A B.

1° Par un point D, milieu de cette droite :

Des points A et B comme centres, avec une ouverture de compas plus grande que la moitié de A B, décrivez des arcs de cercle qui se coupent en C ; joignez C D ; cette dernière ligne sera la perpendiculaire demandée.

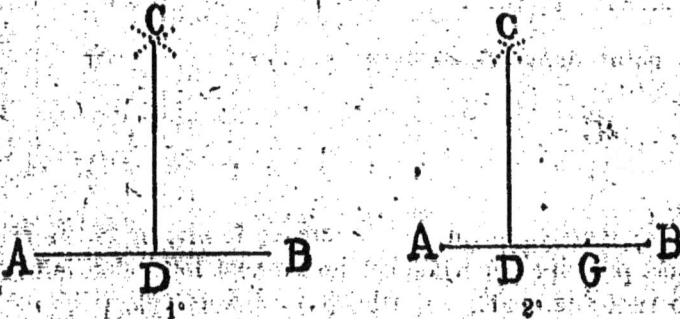

2° Par un point quelconque, D, donné sur la droite A B,

Prenez D G = DA et des points A et G décrivez des arcs de cercle qui se coupent en C, joignez C D, et la question sera résolue.

3° A l'extrémité d'une droite A B :

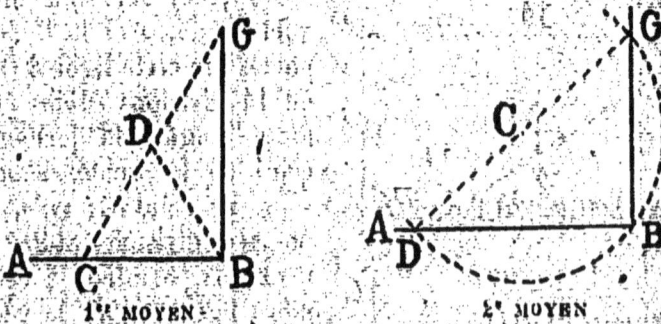

PREMIER MOYEN. On prend un point quelconque C sur la droite, et des points C et B avec CB pour rayon, on décrit des arcs de cercles

qui se coupent en D ; on tire C D que l'on prolonge d'une longueur
D G = C D ; on joint G B et l'on a la perpendiculaire cherchée.

DEUXIÈME MOYEN. Du point C pris à volonté au-dessus de A B,
avec C B pour rayon, on décrit un arc de cercle plus grand qu'une
demi-circonférence et qui coupe la ligne donnée en D ; on tire le
diamètre D G et l'on joint G B.

TROISIÈME MOYEN. Portez sur la ligne A B cinq divisions égales :

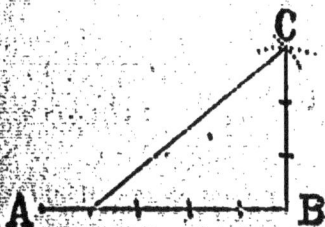

Du point B, avec une ouverture de
compas égale à trois divisions, décrivez
un arc de cercle ; puis de la quatrième
division, avec une ouverture de compas
de cinq divisions, décrivez un autre
arc de cercle coupant le premier en C ;
joignez C B et la question est résolue.

**D'un point donné C, abaisser une perpendiculaire sur la ligne
droite A B.**

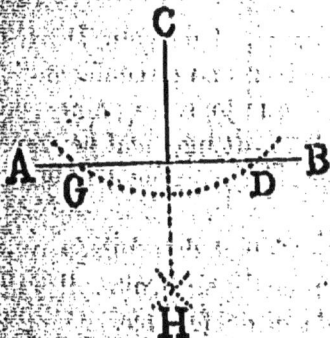

Du point C, avec une ouverture de
compas plus grande que la distance de
ce point à la ligne A B, on décrit un
arc de cercle qui coupe la droite aux
deux points G et D ; de ces points, avec
le même rayon, on décrit deux arcs se
coupant en H ; on joint H C et cette
ligne est la perpendiculaire cherchée [1].

Mener une parallèle à la ligne A B.

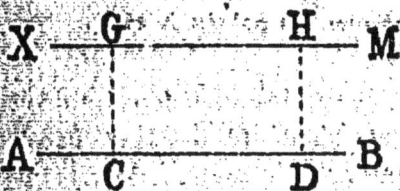

PREMIER MOYEN. Aux points C
et D pris à volonté sur la droite
A B, on élève les perpendiculaires
C G et D H à une hauteur égale
jusqu'en G et en H ; on tire X M
passant par ces deux derniers
points, et l'on a une parallèle à A B.

---

[1] On élève des perpendiculaires et l'on trace des parallèles au moyen de
l'équerre de dessinateur et du té ; il est bon d'apprendre aux élèves à se
servir de ces instruments qu'on emploie de préférence au compas dans une
foule d'occasions.

DEUXIÈME MOYEN. Des points A et B, avec A B pour rayon, décrivez les arcs A C et B D, prenez A C = B D et tirez H G.

La ligne H G est la parallèle demandée.

Par un point O, donné hors de la droite A C mener une parallèle à cette droite.

Du point O, avec une ouverture de compas plus grande que la distance de ce point à la droite A C, décrivez un arc de cercle qui rencontre A C ; du point C avec le même rayon, décrivez un autre arc ; prenez C D = F O et joignez O D.

Décrire une circonférence passant par le point C.

Menez une droite C D partant du point donné, et du point D avec D C pour rayon, décrivez une circonférence.

Il est à remarquer que tous les points de la droite C D et de son prolongement peuvent devenir les centres des circonférences passant par le point C.

Une circonférence n'étant déterminée que par trois points, non en ligne droite, il suit de là qu'il pourra être tracé une foule de circonférences passant toutes par le point C.

Décrire une circonférence passant par les points A et B.

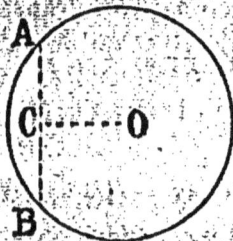

Joignez A B, et par le milieu de cette droite, élevez une perpendiculaire C D ; prenez sur cette ligne un point quelconque O et de ce point avec O B comme rayon, décrivez une circonférence ; elle passera nécessairement par les points B et A et sera la circonférence demandée. Dans ce cas, comme dans le précédent, la circonférence n'est pas déterminée ; aussi serait-il possible de tracer plusieurs circonférences passant toutes par les points A et B.

Faire passer une circonférence par trois points non en ligne droite A B C.

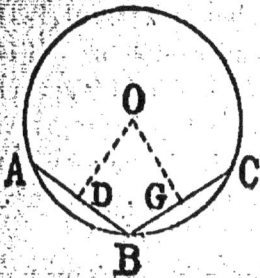

On joint A B et B C ; on élève sur le milieu de ces lignes les perpendiculaires G O et D O ; et du point O comme centre avec O C pour rayon, on décrit une circonférence qui n'est autre que la circonférence demandée.

Trouver le rayon qui a servi à décrire une ligne courbe.

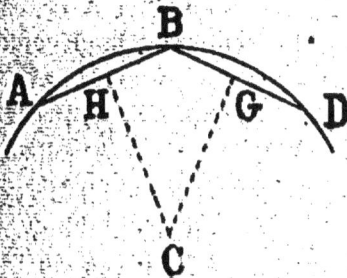

Prenez sur cette courbe trois points à volonté A, B, D ; joignez A B et B D, et sur le milieu de ces droites élevez H C et G C perpendiculaires à ces lignes ; le point de rencontre C sera le centre de la circonférence à laquelle appartient la courbe.

Le centre d'une circonférence ou d'un cercle se trouve de la même manière.

Tracer, en prenant le même centre, une parallèle à une ligne courbe.

On cherche le centre de la courbe et de ce point, avec une ouverture de compas plus grande ou plus petite que le rayon de la courbe donnée, on décrit des arcs de cercle.

Diviser l'arc A B en deux parties égales.

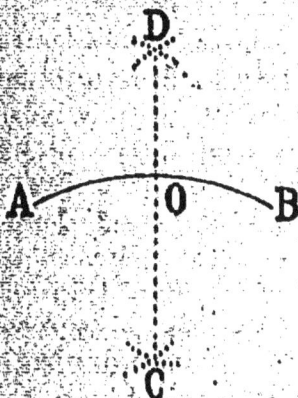

Des extrémités A et B de l'arc, avec une ouverture de compas plus grande que la moitié de A B, décrivez au-dessus et au-dessous des arcs qui se coupent en C et en D ; joignez C D et le point O sera le milieu de l'arc A B.

En opérant d'une manière analogue sur chaque nouvelle portion d'arc obtenue, on diviserait l'arc total A B en 4, 8, 16, etc., parties égales.

Diviser l'arc A B en un nombre quelconque de parties égales.

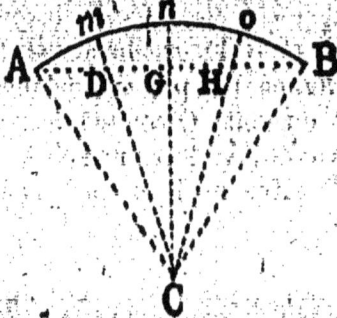

Soit à diviser l'arc A B en quatre parties égales; cherchez le centre de l'arc, tirez la corde A B et divisez cette corde en quatre parties égales; menez ensuite par les points de division C D, C G, C H, et prolongez ces lignes jusqu'à la rencontre de l'arc; les points *m, n, o,* seront les points de division cherchés.

Diviser une circonférence en 2, 4, 8 parties égales.

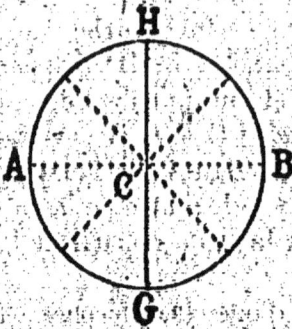

Menez le diamètre G H et la circonférence sera divisée en deux parties égales. Si, par le point C, centre de la circonférence, on tire un second diamètre A B, perpendiculaire au premier, elle sera divisée en quatre parties égales. En partageant chaque arc en deux parties égales et en joignant au centre chaque point de division, le cercle et la circonférence seront divisés en huit parties égales.

Diviser une circonférence en 6, en 3 ou en 12 parties égales.

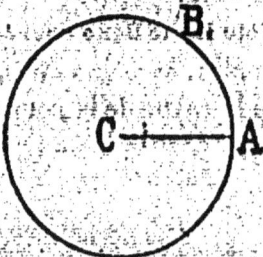

Si du point A, avec une ouverture de compas égale au rayon, nous décrivons un arc de cercle qui vienne couper en B la circonférence, l'arc A B sera la sixième partie de la circonférence, le double de cet arc en sera le tiers et la moitié le douzième.

Diviser une circonférence en un nombre quelconque de parties égales.

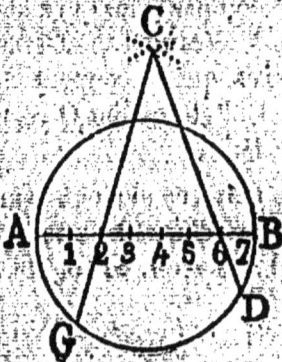

Supposons qu'on veuille diviser une circonférence en sept parties égales, on divisera le diamètre A B en sept parties égales. Des points A et B, avec A B pour rayon, on décrira des arcs de cercle se coupant en C, on mènera la ligne C G en la faisant passer par la deuxième division; l'arc A G sera la septième partie de la circonférence; l'arc B D en sera la quatorzième partie.

Faire un angle égal à un angle donné B A C.

1° Avec une ouverture de compas à volonté, décrivez un arc de cercle D G entre les deux côtés de l'angle donné; menez la ligne M N et du point M avec l'ouverture de compas précédente, décrivez un nouvel arc de cercle; prenez sur cet arc H L = D G; menez M L et vous aurez l'angle demandé.

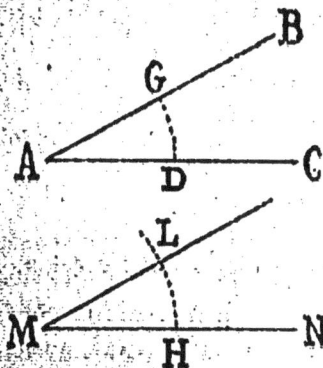

En portant deux, trois ou quatre fois l'arc D G sur H L prolongé, on aurait un angle double, triple ou quadruple de l'angle B A C.

2° On peut également faire un angle égal à un angle donné à l'aide du rapporteur. Pour cela, on place la ligne de foi du rapporteur de manière à ce qu'elle coïncide avec A C et que son centre soit en A; on compte sur le limbe le nombre de degrés compris entre les côtés de l'angle B A C; puis on place le centre du rapporteur au point M en faisant coïncider la ligne de foi avec M N; on marque par un point le nombre de degrés trouvé pour la valeur de l'angle B A C, on joint ce point au point M et l'on a l'angle cherché.

Lorsqu'on opère sur le papier, on se sert parfois de ce procédé, mais le premier lui est préférable.

Diviser un angle en deux parties égales.

On décrit un arc de cercle entre les côtés de l'angle donné, puis on divise cet arc en deux parties égales et la ligne qui passe par le point de division obtenu et par le sommet de l'angle, partage ce dernier en deux parties égales.

Construire un triangle équilatéral A B C, le côté A B étant donné.

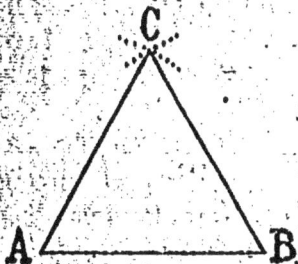

Des points A et B de la ligne donnée et avec une ouverture de compas égale à la longueur de cette ligne, décrivez des arcs de cercle qui se coupent en C; joignez C A et C B et vous aurez satisfait à la question.

Construire un triangle isoscèle, la base A B et le côté C D étant donnés.

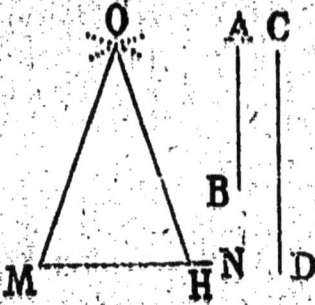

Sur une ligne indéfinie M N, prenez M H égale A B et des points M et H avec C D pour rayon, décrivez des arcs de cercle qui se coupent en O; joignez O M et O H; M O H sera le triangle demandé.

Construire un triangle dont les trois côtés A, B, C sont connus.

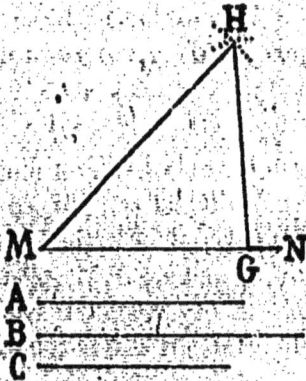

Sur une droite indéfinie M N, on prend M G $=$ A et du point M, avec le côté B pour rayon, on décrit un arc de cercle; du point G, avec C pour rayon, on décrit un second arc qui coupe le premier en H ; on joint H M et H G, et l'on a le triangle demandé.

Cette construction n'est possible que quand un côté quelconque est plus petit que la somme des deux autres et plus grand que leur différence.

Construire un triangle rectangle connaissant les deux côtés A B et C D de l'angle droit.

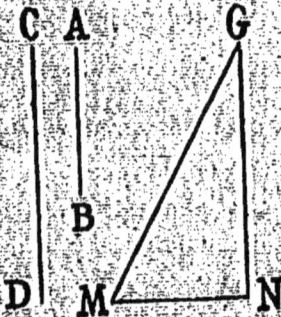

Si la désignation de *rectangle* n'était pas indiquée dans la question ainsi que dans celle du problème suivant, les données de la question ne permettraient pas d'arriver à la construction proposée, car un triangle non rectangle ne peut être déterminé que par trois lignes, ou par un angle connu et les deux lignes qui le forment, ou par un côté adjacent à deux angles donnés.

Pour construire le triangle proposé, prenez M N égal A B; au point N élevez la perpendiculaire N G égal C D et joignez G M. La figure G M N ainsi obtenue sera le triangle demandé.

Construire un triangle rectangle connaissant l'angle A et la base B E du triangle.

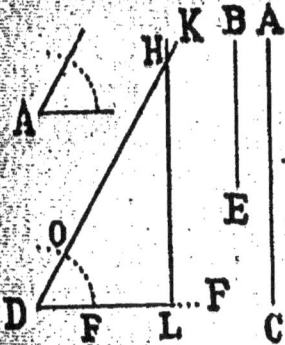

Sur une droite indéfinie D F, prenez D L égal à B E, côté connu de l'angle droit; au point D, faites un angle égal à A; élevez au point L, une perpendiculaire coupant en H la droite indéfinie D K et le triangle D L H ainsi obtenu satisfera à l'énoncé.

Si l'hypoténuse A C et l'angle A étaient seuls connus, pour arriver à la solution du problème, il faudrait porter sur D K une longueur D H = A C, puis déterminer les degrés de l'angle D et donner à l'angle H le nombre de degrés représentés par la différence entre 90° et le nombre de degrés trouvés pour l'angle D; enfin, abaisser la perpendiculaire H L.

Construire un triangle connaissant les côtés A B et A C ainsi que l'angle qu'ils comprennent.

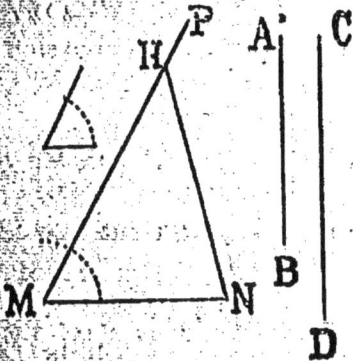

Tirez la ligne M N ayant la même longueur que A B; au point M, construisez un angle égal à l'angle donné; sur la droite indéfinie M P, prenez M H égale à C D et joignez H N.

Le triangle M N H est le triangle demandé.

Construire un triangle connaissant le côté A B et les deux angles adjacents.

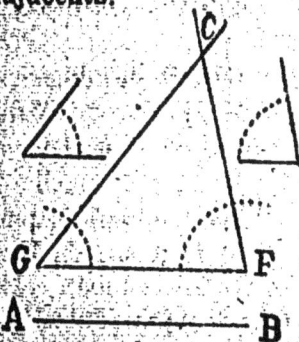

Prenez G F = A B; au point G faites un angle égal à l'un des angles donnés; faites au point F un angle égal au deuxième angle connu, et le triangle G C F sera le triangle cherché.

On appelle angles adjacents les angles qui ont un côté commun.

Si les deux angles donnés n'étaient pas adjacents, on déterminerait le troisième angle en retranchant la somme des angles connus de 180 degrés; la différence donnerait le troisième angle, et ce cas serait ramené au précédent.

Construire un carré de 35 centimètres de côté [1].

Tracez une ligne de 35 centimètres de longueur; à chaque extrémité de cette ligne, élevez des perpendiculaires de 35 centimètres et joignez leurs extrémités.

Construction du rectangle.

La construction du rectangle repose sur les mêmes principes que celle du carré.

On trace pour base une ligne de la longueur donnée. A chaque extrémité de cette base on élève des perpendiculaires égales entre elles, mais plus petites ou plus grandes que la base; on joint leurs extrémités et on a le rectangle demandé.

Construire un rhombe dont on connaît deux côtés adjacents et l'angle qu'ils comprennent.

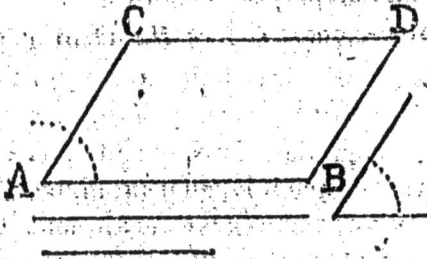

Menez A B égale au plus grand côté; au point A, faites un angle égal à l'angle connu et donnez à A C la longueur du petit côté; au point B menez la parallèle B D = A C et joignez C D.

Le rhombe A B D C, ainsi obtenu, satisfait à la question.

Construire un losange, les deux diagonales A et B étant données.

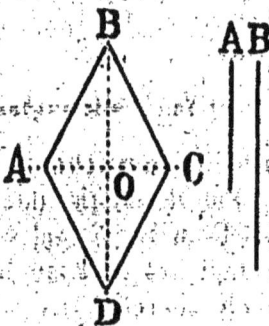

Menez A C = A et sur le milieu de cette ligne, élevez une perpendiculaire que vous prolongerez au-dessous de A C; prenez O B et O D égales à la moitié de B; joignez les extrémités A, B, C, D, et vous aurez la figure demandée.

On pourrait se servir du même procédé pour construire un carré; dans ce cas, une seule diagonale suffirait pour arriver à la solution du problème.

---

[1] Les applications du tracé géométrique se font au tableau noir. Si elles ne peuvent se faire que sur le papier ou sur l'ardoise, il faut toujours proportionner les données à la surface des figures que l'enfant a sous les yeux; c'est le seul moyen de l'intéresser et de lui donner la justesse du coup d'œil si nécessaire en dessin.

Construire un trapèze régulier connaissant les deux côtés parallèles A B, C D, et la hauteur G H.

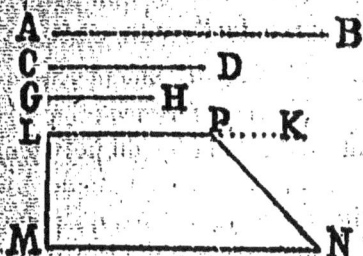

Tirez la ligne M N égale au plus grand côté A B; au point M, élevez la perpendiculaire M L égale à la hauteur G H, menez L K parallèle à M N, prenez sur cette ligne L P = C D et tirez P N; la figure L P N M sera le trapèze demandé.

Construire un polygone régulier.

On décrit une circonférence et on la divise en autant de parties égales que le polygone compte de côtés; on joint deux à deux les points de division les plus rapprochés et l'on obtient le polygone.

Inscrire un polygone régulier dans un cercle.

Divisez la circonférence du cercle donné en autant de parties égales que le polygone a de côtés, et joignez deux à deux les points de division. Le polygone ainsi obtenu sera le polygone inscrit demandé.

Un polygone inscrit à un cercle est celui dont le sommet de tous ses angles se trouve sur la circonférence.

Faire une figure semblable à une figure donnée.

On appelle figures semblables celles dont les angles sont égaux chacun à chacun et dont les côtés homologues sont proportionnels.

Les côtés homologues sont ceux qui sont opposés aux angles égaux dans des figures semblables.

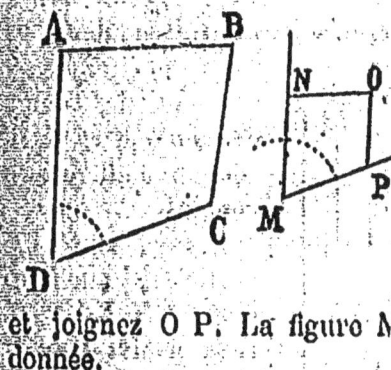

Soit à construire une figure semblable au quadrilatère A B C D et dont les côtés soient respectivement chacun une fois plus petits. Menez M P égal à la moitié de D C; faites en M un angle égal à l'angle D; prenez M N égal à la moitié de D A; faites en N un angle égal à l'angle A; prenez N O égal à la moitié de A B et joignez O P. La figure M P O N sera semblable à la figure donnée.

Si la figure devait être plus grande que le modèle, on procéderait de la même manière, seulement les côtés de la nouvelle figure seraient naturellement plus grands que ceux de la figure donnée.

3

Construire un polygone dont le périmètre soit le double d'un polygone donné.

On inscrit le polygone donné dans une circonférence.

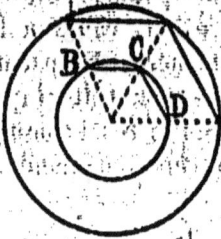

Avec un rayon double et du même centre, on décrit une nouvelle circonférence ; on tire les rayons passant par les angles du polygone donné jusqu'à la rencontre de la deuxième circonférence ; en joignant deux à deux les points où les rayons la rencontrent, on obtient la figure demandée.

Circonscrire un polygone régulier à une circonférence ou à un cercle.

Un polygone est circonscrit à un cercle ou à une circonférence quand tous ses côtés sont tangents à cette circonférence.

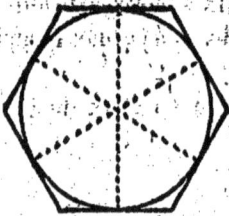

Tracez une circonférence ; divisez-la en autant de parties égales que le polygone compte de côtés ; joignez les points de division au centre et à l'extrémité de chaque rayon menez des tangentes à la circonférence.

S'il s'agit de circonscrire un polygone donné, on élève des perpendiculaires sur le milieu de deux ou trois de ses côtés ; ces lignes doivent se rencontrer au même point, et de ce point avec un rayon égal à l'une des perpendiculaires, décrivez une circonférence et la question sera résolue.

Trouver une quatrième proportionnelle à trois lignes données A, B, C.

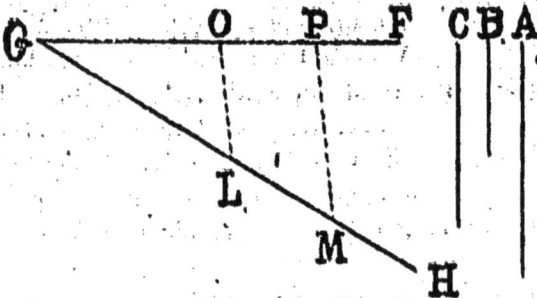

Menez les deux droites G F et G H sous un angle quelconque.

Prenez sur G H à partir de G une longueur G L = A et L M = B ; prenez aussi G O = C ; joignez L O et, par le point M, menez M P parallèle à L O ; la ligne O P sera la quatrième proportionnelle demandée.

Trouver une moyenne proportionnelle entre deux lignes données A et B.

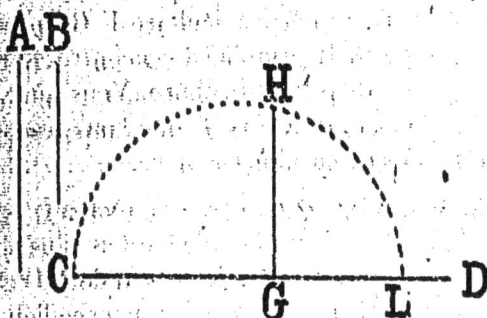

Sur une ligne indéfinie C D, prenez C G = A et G L = B ; décrivez sur C L comme diamètre une demi-circonférence et du point G élevez G H perpendiculaire sur C L, jusqu'à la rencontre de la circonférence. G H sera la moyenne proportionnelle demandée.

Réduire le triangle A B C en rectangle équivalent.

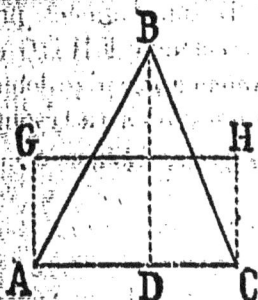

Du sommet de ce triangle, abaissez la perpendiculaire B D, et par le milieu de B D, menez G H parallèle à A C ; élevez ensuite aux points A et C des perpendiculaires jusqu'à la rencontre de G H. Le rectangle A C H G ainsi obtenu est équivalent au triangle A B C.

Réduire le rectangle A B C D en un carré équivalent.

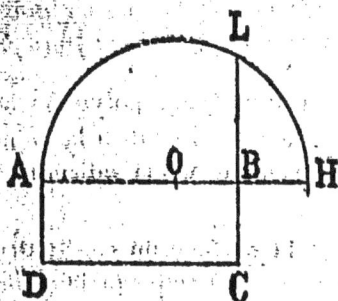

Prolongez le côté A B d'une longueur B H égale à C B. Sur A H comme diamètre, décrivez une demi-circonférence ; prolongez C B jusqu'à la rencontre de la demi-circonférence ; la ligne B L sera le côté du carré équivalent.

Transformer le rhombe A B C D en un carré équivalent.

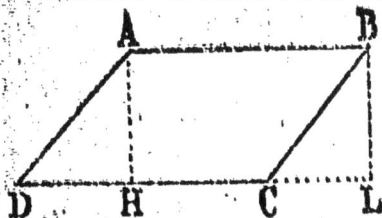

Des points A et B, abaissez sur D C ou sur son prolongement les perpendiculaires A H et B L. Le rectangle A B L H sera équivalent au rhombe A B C D.

Transformez alors ce rectangle en carré en opérant comme dans l'exemple précédent et la question sera résolue.

Transformer le trapèze régulier A B C D en carré équivalent.

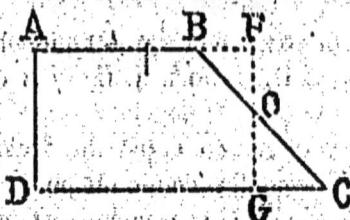

Faites passer par le point O, milieu de B C, la perpendiculaire F G ; prolongez A B jusqu'à sa rencontre en F avec cette perpendiculaire. Vous aurez le rectangle A F G D, que vous transformerez ensuite en carré.

Transformer le trapèze irrégulier A B C D en carré équivalent.

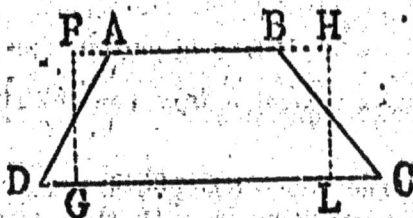

La question n'offre pas plus de difficulté. Par le milieu de A D et de B C, on tire les perpendiculaires L H et G F qui rencontrent le côté A B suffisamment prolongé. Le rectangle F H L G est alors équivalent au trapèze donné, et en transformant ce rectangle en carré, la question sera résolue.

Faire un triangle équivalent à un polygone régulier donné.

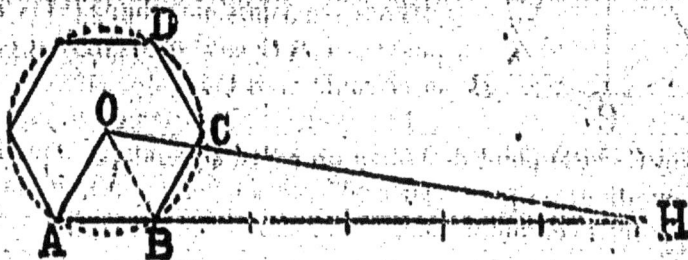

Soit l'hexagone A B C D. Joignez le centre O du polygone aux points A et B ; prolongez A B d'une longueur B H égale à la somme des cinq autres côtés et joignez O H ; le triangle A O H satisfait à la question.

Faire un triangle rectangle équivalent à la surface du cercle O.

Tirez le rayon O A ; au point A, menez sur O A la perpendiculaire A C égale à la longueur de la circonférence et joignez O C. Le triangle A O C ainsi obtenu équivaut au cercle donné.

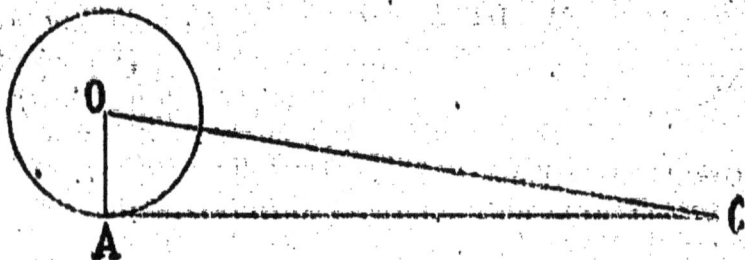

Mener une tangente à la circonférence C.

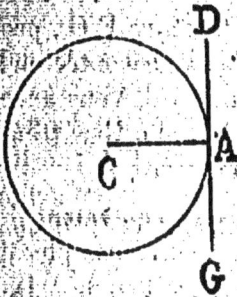

Aucun point de tangence n'étant déterminé, on en prend un à volonté; soit le point A, par exemple.

On joint ce point au centre C par la droite C A qui n'est autre que le rayon de la circonférence donnée ; on fait passer la perpendiculaire D G par le point A, et cette ligne est la tangente demandée.

Décrire une circonférence tangente à la ligne A B et passant par le milieu de cette ligne.

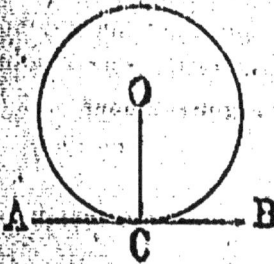

Déterminez le point C milieu de A B, élevez la perpendiculaire C O, et du point O avec O C pour rayon, décrivez une circonférence.

Tous les points de la ligne O C ou de son prolongement peuvent servir de centre à la circonférence tangente.

Le rayon sera la distance du centre choisi au point C. Si le point de tangence n'était pas indiqué dans l'énoncé de la question, on prendrait à volonté un point sur la ligne A B et l'on opérerait comme il vient d'être dit.

Par un point B pris hors du cercle décrire une circonférence tangente extérieure à une circonférence donnée.

Joignez C et B, centres des deux circonférences, et du point B, avec un rayon égal à B A, décrivez une circonférence.

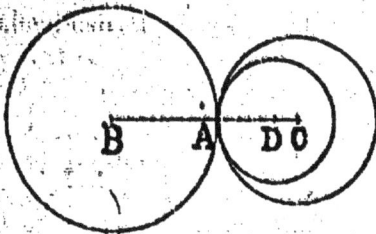

Dans ce cas, la distance des centres est égale à la somme des rayons.

Si la circonférence doit être tangente intérieure, prenez entre C et A un point quelconque D, et de ce point, avec D A pour rayon, décrivez une circonférence. Ici la distance des centres est égale à la différence des rayons.

Mener une ou deux tangentes à un cercle par un point donné O, situé hors de la circonférence.

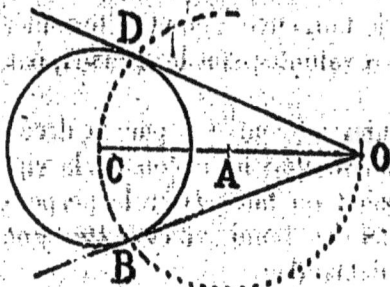

Joignez le point O au centre du cercle, C, et du point A, milieu de O C, décrivez une circonférence qui coupe la circonférence donnée en D et en B ; tirez D O ; cette droite est la première tangente demandée. La droite O B donne l'autre.

Diviser le triangle ABC en quatre parties égales.

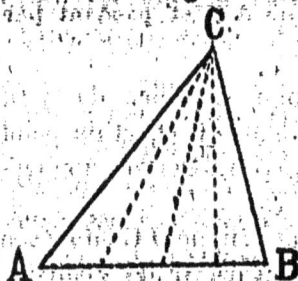

Pour généraliser le cas, il faut opérer sur un triangle quelconque A B C. Partagez le côté pris pour base A B, par exemple, en quatre parties égales et joignez les points de division au point C. Les triangles ainsi obtenus sont équivalents et satisfont à la question.

Diviser le triangle A B C en parties proportionnelles aux nombres 3, 5, 6.

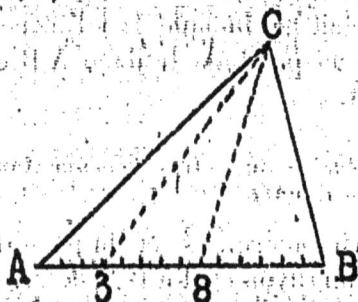

Ici encore pour généraliser le cas on peut prendre un triangle quelconque, soit le triangle A B C.

Divisez la base A B en 3 + 5 + 6 ou 14 parties égales ; joignez au sommet les points 3 et 8 et le triangle se trouvera divisé proportionnellement aux nombres donnés.

Diviser un triangle en trois parties égales par des lignes parallèles à la base.

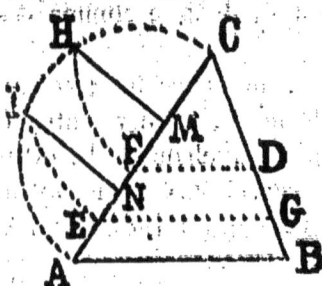

Partagez le côté A C en trois parties égales et décrivez sur ce même côté comme diamètre une demi-circonférence ; aux points de division M N élevez les perpendiculaires M H et N I ; du point C, avec les rayons C H et C I, décrivez les arcs de cercle HF, IE, et, de ces derniers points, menez EG et FD.

respectivement parallèles à A B. Vous obtiendrez ainsi un triangle
et deux trapèzes dont les surfaces sont toutes équivalentes, et la
question est résolue.

Diviser un trapèze A B C D en parties égales ou proportionnelles.

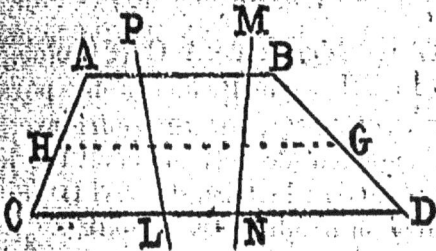

Par les points H et G, milieu
des côtés non parallèles, tirez
H G ; divisez cette ligne en
parties égales ou proportionnelles et faites passer par les
points de division les lignes
droites P L, M N, coupant les
côtés parallèles, sans toutefois
se couper entre elles dans l'intérieur du trapèze. Cette construction
satisfait à l'énoncé.

Diviser un trapèze en parties égales par des parallèles aux bases.

Soit le trapèze A B C D à partager en trois parties égales :

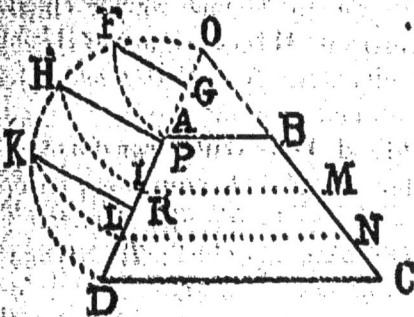

Prolongez les côtés non parallèles jusqu'à leur rencontre en
O ; décrivez sur O D une demi-
circonférence ; du point O avec
O H pour rayon, décrivez l'arc
de cercle A F ; abaissez F G perpendiculaire sur O D ; partagez
G D en trois parties égales, et,
aux points de division P, R, éle-
vez les perpendiculaires P H, et R K ; enfin du point O avec O H
et O K pour rayons, décrivez les arcs H I, K L, et des points L et I
menez L N et I M parallèles à D C.

Réduire le carré A B C D en triangle équivalent.

PREMIER MOYEN. Prolongez G D d'une longueur D F qui lui soit
égale et joignez A F. Le triangle A F G est équivalent au carré
A B D C.

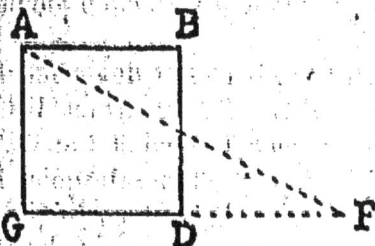

1ᵉʳ MOYEN

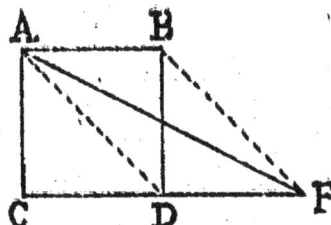

2ᵉ MOYEN

DEUXIÈME MOYEN. Menez la diagonale A D ; par le point B, tirez une parallèle à A D jusqu'à la rencontre en F de G D prolongé, joignez A F. Le triangle A F C est équivalent au carré A B D C.

Réduire le quadrilatère A B C D en triangle équivalent.

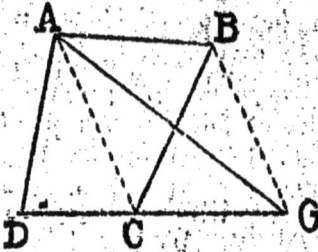

Tirez la diagonale A C et prolongez D C ; par le point B, menez une parallèle à A C jusqu'à sa rencontre avec le prolongement de D C au point G ; joignez A G et le triangle A G D équivaudra au quadrilatère proposé.

Transformer le pentagone A B C D G en quadrilatère équivalent.

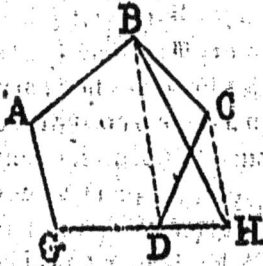

Menez la diagonale B D ; prolongez G D et par le point C, tirez une parallèle à B D jusqu'à ce qu'elle vienne couper en H le prolongement de G D et joignez B H.

Le quadrilatère A B H G ainsi obtenu équivaut au pentagone proposé.

On peut, si l'on veut, transformer ce quadrilatère en triangle équivalent en opérant comme il vient d'être dit ci-dessus et la question n'aurait pas plus souffert de difficulté si elle eût été posée ainsi : *Transformer le pentagone A B C D G en triangle équivalent.*

Diviser le quadrilatère irrégulier A B C D en trois parties égales par des lignes droites.

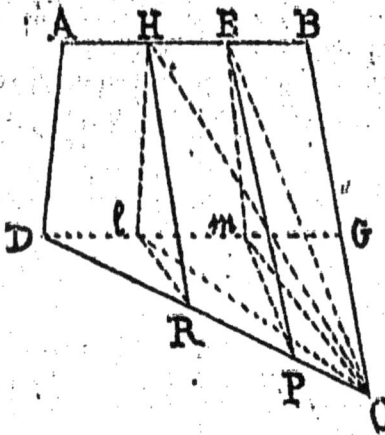

Menez D G parallèle à A B ; divisez A B et D G en trois parties égales, joignez deux à deux les points correspondants E m, H l, tirez E G et par le point m, menez m P parallèle à E G, enfin joignez E P.

On transformerait de même la partie H E m C l en tirant H C, puis en menant au point l une parallèle à cette ligne jusqu'à la rencontre de D C et en joignant le point de rencontre au point H.

Décomposer un polygone en triangles.

PREMIER MOYEN. On joint l'un des sommets à tous les angles non adjacents par des diagonales.

DEUXIÈME MOYEN. On prend un point dans l'intérieur du polygone, et l'on joint ce point à tous les angles.

Raccorder un arc à l'extrémité d'une droite A B.

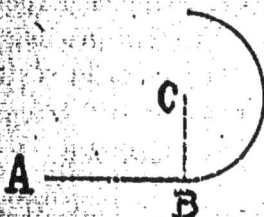

Élevez à l'extrémité de cette droite la perpendiculaire B C et du point C comme centre avec B C pour rayon, décrivez un arc de cercle.

Le rayon BC est arbitraire et peut varier à volonté et selon les besoins[1].

Raccorder un arc à une droite A B, l'arc devant passer par un point donné C.

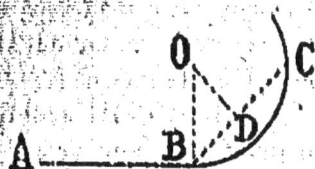

Au point B, élevez une perpendiculaire ; joignez B C et sur le milieu de B C en D élevez une seconde perpendiculaire qui coupe la première en O ; de ce dernier point avec O B ou O C pour rayon, décrivez un arc de cercle.

Raccorder une droite à un arc donné.

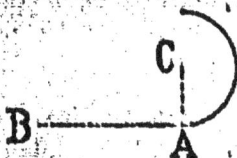

Cherchez le centre de l'arc donné ; joignez ce point à l'extrémité A de l'arc, et au point A élevez la perpendiculaire A B qui satisfait à la question.

Raccorder deux parallèles d'égale longueur et aboutissant à la même perpendiculaire.

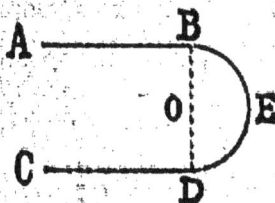

Joignez les extrémités D et B de ces lignes par la perpendiculaire B D ; du milieu O avec le rayon O D, décrivez l'arc de cercle D E B, et les deux lignes D C et B A sont ainsi raccordées.

---

[1] Un arc de cercle et une droite se raccordent lorsque le centre de l'arc est sur une perpendiculaire élevée sur la droite au point de jonction.

Deux arcs de cercle se raccordent lorsque les deux centres et le point de jonction sont sur une même ligne droite.

3.

Raccorder deux parallèles d'inégale longueur.

Menez des points E et D les perpendiculaires E n et D G ; joignez E D ; par le milieu de D G menez L M parallèle à A E ; prenez H I = E H et du point I abaissez sur E D une perpendiculaire I P qui coupe la perpendiculaire D G ou son prolongement : le point P sera le centre de la courbe I D et le point n celui de la courbe I E.

Raccorder une courbe aux deux extrémités d'une droite A B.

Élevez aux extrémités de la droite deux perpendiculaires égales A C et B D ; menez C D parallèle à A B, et prolongez cette ligne à droite et à gauche d'une longueur D H et C G égale à A C ou B D ; des points C et D avec C A pour rayon, tracez les arcs H B et G A ; puis du point O, milieu de G H, décrivez avec O H pour rayon la demi-circonférence G M H.

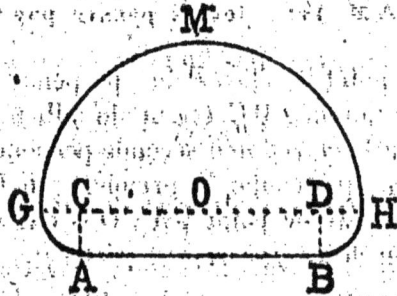

Raccorder une droite aux deux extrémités d'une courbe donnée G M H.

Joignez G H (figure précédente) prenez la différence entre A B et G H ; portez la moitié de cette différence de G en C et de H en D ; aux points C et D élevez des perpendiculaires et des mêmes points C et D, avec une ouverture de compas égale à D H ou à C G, décrivez les arcs H B et G A, et joignez A B.

Raccorder deux droites convergentes.

Prolongez ces droites jusqu'à leur rencontre en O ; de ce point avec O G pour rayon, décrivez l'arc de cercle G H ; par le milieu de cet arc, tirez O M qui sera la bissectrice de l'angle O ; prenez O B = O D et des points B et D abaissez sur O M les perpendiculaires B P et D P ; du point P avec P B pour rayon, raccordez les deux droites par l'arc B N D.

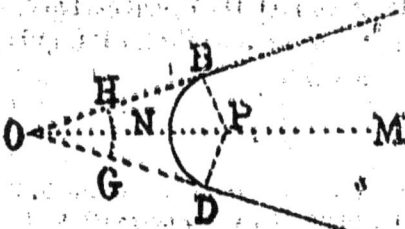

Raccorder deux droites divergentes.

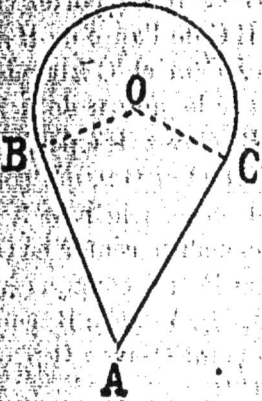

Prenez A C = A B ; des points B et C élevez les perpendiculaires C O et B O qui se rencontrent en O; de ce point comme centre avec O B ou O C pour rayon, décrivez un arc de cercle qui vienne se confondre avec l'extrémité des lignes A B et A C.

Si le sommet A des lignes divergentes n'était pas connu, il faudrait le déterminer en prolongeant les côtés jusqu'à leur rencontre et opérer ensuite comme il vient d'être dit.

Raccorder un arc A B, à une courbe qui passe par un point donné C placé au-dessous de l'arc.

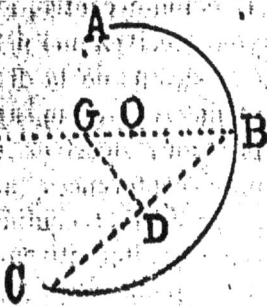

Cherchez d'abord le point O, centre de l'arc; par le point B, extrémité de l'arc donné, menez une droite indéfinie passant par le point O.

Joignez B C et sur le milieu de cette droite élevez la perpendiculaire D G; le point d'intersection G est le centre de la courbe que l'on décrira avec G A pour rayon.

Raccorder à un arc une courbe qui devra passer par un point B' placé à droite de cet arc.

Cherchez le centre O de l'arc. Tirez par ce point et l'extrémité A de l'arc la plus voisine du point B, une droite indéfinie; joignez ensuite A B; puis, sur le milieu D de cette droite, élevez la perpendiculaire D G; du point G avec G A ou G B pour rayon, décrivez la courbe B A qui satisfait à la question.

Tracer une anse de panier dont on connaît la base A B et la hauteur C D.

L'anse de panier est une moitié d'ellipse.

Élevez sur le milieu de A B la perpendiculaire H C = C D ; joi-
gnez A C et B C ; portez la hauteur H C de l'anse de H en T ; prenez C m et C n égales à A T ; sur le milieu de A m et de n B, élevez les perpendiculaires L O et G O, qui coupent en P et en I la base A B et qui viennent se réunir en O ; des points P et I comme centres avec P A ou I B pour rayon, décrivez les arcs A S et B R ; et du point O avec O S ou O R pour rayon, décrivez le troisième arc S C R.

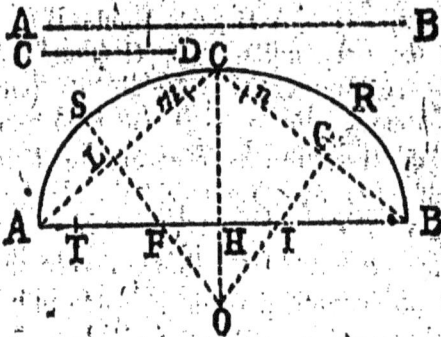

Tracer une spirale à deux centres.

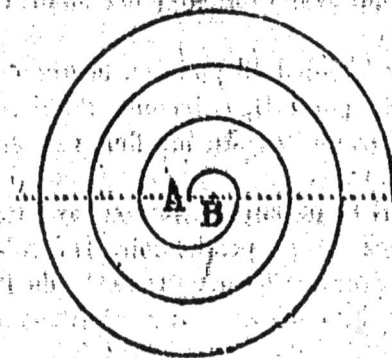

Tirez une droite indéfinie passant par les points A et B.

Du point B comme centre, avec B A pour rayon, décrivez une demi-circonférence au-dessus de la droite indéfinie ; du point A, avec un rayon double du premier, décrivez une nouvelle demi-circonférence, mais au-dessous de la droite ; continuez ainsi en prenant alternativement pour centres les points B et A, et en augmentant chaque fois le rayon de la distance A B.

Tracer une spirale à quatre centres.

Construisez le carré A C E G ; prolongez A C, C E, E G et G A.

Du point A, avec un rayon égal à A C, décrivez un arc de cercle qui s'arrêtera en I sur le prolongement de G A ; du point G avec G I pour rayon, on décrira le quart de cercle I F ; du point E, avec E F pour rayon, on décrira l'arc F D, et du point C, avec C D pour rayon, on décrira l'arc D B et ainsi de suite, en reprenant les points A, C, E et G comme centres et en augmentant chaque fois le rayon de la distance A C.

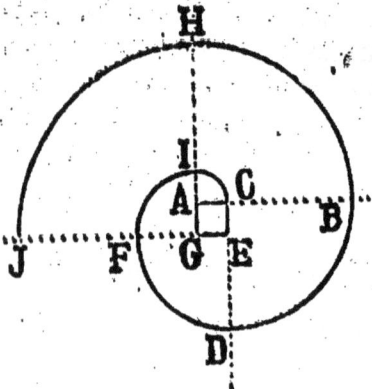

Tracer une ellipse dont la ligne AB est le grand axe.

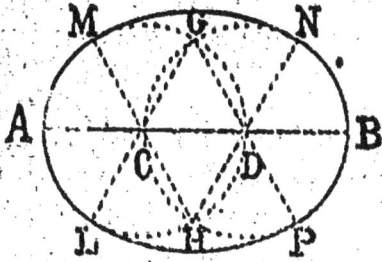

Partagez l'arc A B en trois parties égales ; des points de division C et D, avec un rayon égal à une division, décrivez deux circonférences qui se coupent en H et en G ; joignez H C, H D, G C et G D et prolongez ces lignes jusqu'à la rencontre des circonférences ; puis des points H et G avec H M pour rayon, décrivez les arcs M N et L P.

Tracer une ellipse de jardinier, les axes AB et CD étant donnés.

Sur le milieu de l'axe A B, élevez la perpendiculaire O H = 1/2 de C D ; prolongez-la d'une longueur égale jusqu'en G ; du point H avec un rayon égal à la moitié de A B, décrivez un arc de cercle qui vienne couper le grand axe en D et en C (foyers de l'ellipse) ; fixez à ces points les extrémités d'un cordeau dont la longueur soit égale au grand axe ; tendez le cordeau convenablement et à l'aide d'un piquet tenu verticalement et sur lequel la corde glissera, tracez un sillon à droite et à gauche des foyers, et vous aurez l'ellipse cherchée.

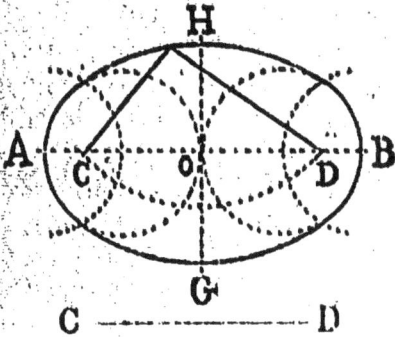

Tracer une ovoïde.

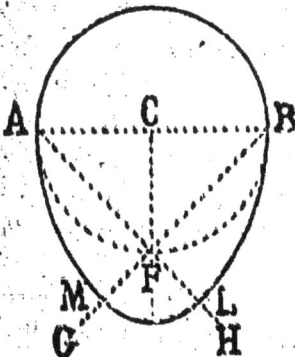

Sur la droite A B, comme diamètre, décrivez une circonférence ; du centre C, abaissez la perpendiculaire C F jusqu'à la rencontre de la circonférence ; tirez les droites indéfinies B G et A H en les faisant passer par le point F ; du point A avec A B pour rayon, décrivez l'arc B L ; du point B avec le même rayon, décrivez l'arc A M ; enfin du point F avec F L ou F M pour rayon, décrivez l'arc L M, et l'ovoïde sera tracée.

Les nombreux exercices graphiques qui viennent d'être donnés comme application de la première partie de *La Clef du Dessin linéaire* suffisent à l'élève, déjà convenablement exercé au maniement de la règle et du compas, pour résoudre les diverses questions de tracé géométrique qu'il peut rencontrer ou qu'on pourrait lui poser.

Voici quelques nouvelles questions qu'il nous a paru utile de placer à la suite de ce chapitre. Elles seront l'objet d'un excellent exercice d'application et pourront être multipliées au gré du professeur :

Construire trois triangles différents et de même surface avec une base et une hauteur données.

Trouver le centre d'un octogone régulier.

Construire un triangle rectangle connaissant l'hypoténuse et l'un des côtés de l'angle droit.

Construire un rectangle dont la diagonale et l'un des côtés sont connus.

Diviser une droite en un nombre quelconque de parties égales au moyen de parallèles.

A deux circonférences extérieures de rayons différents, mener deux tangentes qui se croisent.

Transformer un losange en rectangle équivalent.

Dans un triangle quelconque, décrire une circonférence tangente aux trois côtés.

Inscrire un triangle quelconque dans un cercle.

Diviser un triangle en cinq parties équivalentes par des parallèles à la base.

Construire un carré qui soit la moitié ou le double d'un carré donné.

Tracer un ovale dont on ne connaît que le grand axe.

Dans un losange ou dans un rectangle tracer un ovale qui soit tangent aux côtés.

Trouver le diamètre d'un cercle dans lequel on ne peut entrer.

Tracer trois circonférences de rayons différents tangentes entre elles et de manière que l'une d'elles soit tangente aux deux premières.

Tracer une spirale en prenant pour centres les sommets d'un triangle équilatéral, d'un pentagone et d'un hexagone réguliers.

Tracer une spirale parallèle à une autre.

DEUXIÈME PARTIE

NEUVIÈME LEÇON

MESURAGE DES SURFACES

ARPENTAGE ET MÉTRAGE

112. *Qu'est-ce que l'arpentage ?*

L'arpentage est l'art de mesurer la surface du sol, telle que celle des champs, des jardins, des bois, etc.

113. *Qu'est-ce que le métrage ?*

Le *métrage* est l'art de mesurer les surfaces de peu d'étendue, telles que celles des ouvrages de maçonnerie, de menuiserie, de peinture, etc.

114. *Comment obtient-on la surface du carré ?*

La surface du carré s'obtient en multipliant l'un de ses côtés pris pour base par lui-même. *Surface du carré* $= B \times B$[1].

115. *Comment obtient-on la surface du rectangle ?*

La surface du rectangle s'obtient en multipliant la base par la hauteur. *Surface du rectangle* $= B \times H$.

116. *Comment obtient-on la surface du rhombe ou parallélogramme proprement dit ?*

La surface du rhombe ou parallélogramme s'obtient en multipliant la base par la perpendiculaire qui mesure la hauteur. *Surface du rhombe* $= B \times H$.

---

[1] Dans toutes les formules données ici, B signifie *base*; H, *hauteur*; C, *circonférence*; D, *diamètre*; R, *rayon*; A, *arc*; C, *corde*; T, *triangle*.

117. Comment obtient-on la surface du losange ?

La surface du losange s'obtient en multipliant la base par la hauteur. *Surface du losange* = B × H.

118. Comment obtient-on la surface d'un triangle quelconque ?

La surface d'un triangle quelconque s'obtient en multipliant la base par la moitié de la hauteur.

Surface du triangle $= B \times \dfrac{H}{2}$.

119. Comment obtient-on la surface du trapèze ?

La surface du trapèze s'obtient en prenant la moitié de la somme des deux côtés parallèles qu'on multiplie ensuite par la perpendiculaire qui mesure la hauteur.

Surface du trapèze $= \dfrac{B + B'}{2} \times H$.

120. Comment obtient-on la surface du cercle ?

Trois cas peuvent se présenter suivant que l'on connaît le *rayon* et la *circonférence*, ou le rayon seul, ou la circonférence seule.

1ᵉʳ CAS. On obtient la surface du cercle connaissant le rayon et la circonférence, en multipliant la moitié du rayon par la circonférence.

Surface du cercle (1ᵉʳ cas) $= \dfrac{R}{2} \times C$.

2ᵉ CAS. On obtient la surface du cercle connaissant le rayon seul, en multipliant le rayon par lui-même, puis le produit obtenu par 3,1416, rapport de la circonférence au diamètre.

Surface du cercle (2ᵉ cas) $= R^2 \times 3{,}1416$.

3ᵉ CAS. Enfin on obtient la surface du cercle ne connaissant que la circonférence, en divisant la circonférence par 3,1416 pour obtenir le diamètre dont on prend ensuite le quart qu'on multiplie par la circonférence.

Surface du cercle (3ᵐᵉ cas) $= C \times \dfrac{D}{4}$.

121. *Comment obtient-on la surface du secteur ?*

La surface du secteur s'obtient en multipliant la moitié du rayon par la longueur de l'arc qui lui sert de base[1].

$$Surface\ du\ secteur = \frac{R}{2} \times A.$$

122. *Comment obtient-on la surface du segment ?*

Le segment étant une partie du secteur, il suffit de chercher la surface de cette dernière figure et d'en retrancher le triangle isoscèle formé par la corde et les deux rayons.

$$Surface\ du\ segment = \frac{R}{2} \times A -- T.$$

123. *Comment obtient-on la surface de la couronne ?*

Pour obtenir la superficie de la couronne, on cherche la surface du petit cercle et celle du grand, puis on en prend la différence qui est la surface demandée. *Surface de la couronne* $= g\ C - p'\ C.$

124. *Comment obtient-on la surface de l'ellipse ?*

La surface de l'ellipse s'obtient en multipliant la moitié du grand axe par la moitié du petit axe, et ce produit par 3,1416.

$$Surface\ de\ l'ellipse = \left(\frac{g.\ axe}{2} \times \frac{p.\ axe}{2}\right) \times 3.1416$$

ou $\frac{A \times a}{4} \times 3.1416.$

125. *Comment obtient-on la surface des polygones réguliers ?*

On obtient la surface des polygones réguliers en multipliant le contour ou *périmètre* par la moitié de l'apothème.

---

[1] On se sert du *rapporteur* pour mesurer la longueur d'un arc. On obtient cette longueur en degrés, mais il est facile de l'avoir en mètres et fractions de mètre ; pour cela, on divise par 360 la longueur de la circonférence exprimée en mètres, puis on multiplie le quotient par le nombre de degrés trouvés.

126. Comment obtient-on la superficie d'un polygone irrégulier ?

Pour obtenir la superficie d'un polygone irrégulier, on le décompose en triangles dont on évalue séparément les surfaces ; la somme de ces différentes surfaces donne la superficie du polygone.

127. Comment obtient-on la surface latérale du prisme droit ?

La surface latérale du prisme droit s'obtient en multipliant le contour ou périmètre de la base par l'arête latérale[1].

128. Comment obtient-on la surface latérale de la pyramide régulière ?

On obtient la surface latérale de la pyramide régulière en multipliant le périmètre par la moitié de la perpendiculaire abaissée du sommet de la pyramide sur un des côtés de sa base. Si la pyramide était irrégulière on évaluerait séparément la surface de chaque face latérale, et l'on en ferait la somme.

129. Comment obtient-on la surface latérale du cylindre, du cône et du tronc de cône ?

La surface latérale du cylindre s'obtient en multipliant la circonférence du cercle qui lui sert de base par la hauteur du cylindre.

Celle du cône est égale au produit de la circonférence du cercle qui lui sert de base par la demi-génératrice.

Celle du tronc de cône est égale à la demi-somme des circonférences des deux bases multipliée par la génératrice.

130. Comment obtient-on la surface de la sphère ?

La surface de la sphère est égale au produit du carré de son diamètre par 3,1416.

---

[1] La surface latérale du prisme oblique est égale à l'une des arêtes latérales multipliée par le périmètre du plan perpendiculaire à cette arête.

131. *Comment obtient-on la surface de la zone ou de la calotte sphérique ?*

La surface de la zone ou de la calotte sphérique est égale au produit de sa hauteur multiplié par la circonférence d'un *grand cercle*.

DIXIÈME LEÇON

MESURAGE DES SOLIDES

CUBAGE ET SOLIVAGE

132. *Qu'est-ce que le cubage ?*

Le *cubage* est l'art de mesurer le volume des corps en mètres cubes, décimètres cubes, etc. Lorsqu'il s'agit du mesurage des bois de construction, on se sert de préférence de l'expression *solivage*.

133. *Comment obtient-on la solidité du prisme ?*

On obtient la solidité du prisme [1] en multipliant la surface de sa base par sa hauteur.

Solidité du prisme $= B \times H$.

134. *Comment obtient-on la solidité de la pyramide ?*

La solidité de la pyramide [2] est égale au produit de sa base par le tiers de sa hauteur.

Solidité de la pyramide $= B \times \dfrac{H}{3}$.

---

[1] Le cube et le parallélipipède sont des prismes. — Le volume du prisme droit tronqué est égal au produit de sa base par la moyenne des hauteurs de ses arêtes.

[2] La solidité du tronc de pyramide et de cône s'obtient assez approximativement en multipliant la moyenne entre les deux bases par la hauteur. Pour arriver à un résultat exact, il faudrait rétablir par le calcul la pyramide ou le cône, et en retrancher ensuite la partie ajoutée. — Pour rétablir le cône on se sert de la formule suivante : La différence des deux bases : la hauteur du tronc : : le diamètre de la grande base : la hauteur totale du tronc.

135. *Comment obtient-on la solidité du cylindre ?*

La solidité du cylindre est égale au produit de sa base par sa hauteur.

Solidité du cylindre $= B \times H$.

136. *Comment obtient-on la solidité du cône ?*

On obtient la solidité du cône en multipliant la surface de sa base par le tiers de sa hauteur.

Solidité du cône $= B \times \dfrac{H}{3}$.

137. *Comment obtient-on la solidité de la sphère ?*

La solidité de la sphère est égale au produit de sa surface par le tiers du rayon, ou au cube du diamètre multiplié par 3,1416 et divisé par 6.

Solidité de la sphère $= \dfrac{D^3 \times 3.1416}{6}$.

On peut encore trouver la solidité de la sphère en élevant le rayon au cube et en le multipliant par 4,1888.

Solidité de la sphère $= R^3 \times 4,1888$.

138. *Comment obtient-on la solidité du secteur sphérique ?*

On obtient la solidité du secteur sphérique en multipliant la surface de la base par le tiers du rayon.

Solidité du secteur sphérique $= B \times \dfrac{R}{3}$.

139. *Comment s'y prend-on pour avoir la solidité d'un bloc de pierre irrégulier, d'une racine d'arbre, d'un fagot, d'une statue, etc. ?*

Pour obtenir la solidité d'un corps irrégulier, on le place dans un vase ou dans une boîte dont on connaît préalablement la contenance exacte ; puis avec une mesure de capacité déterminée, un litre, par exemple, on verse de l'eau ou du sable dans le vase ou dans la boîte, jusqu'à ce qu'elle soit entièrement remplie. La différence entre le nombre de litres versés et le chiffre de litres exprimant la capacité du vase ou de la boîte est le volume exact de l'objet en décimètres cubes. Si le corps à mesurer n'était pas transportable, on construirait autour une caisse rectangulaire, et l'on opérerait comme il vient d'être dit.

ONZIÈME LEÇON

BOIS ÉQUARRIS, EN GRUME ET DE CHAUFFAGE

140. *Qu'appelle-t-on bois équarri ?*

Le bois travaillé et dressé de manière à offrir des faces planes et autant que possible des arêtes vives, s'appelle *bois équarri* [1].

141. *Qu'appelle-t-on bois en grume ?*

On donne ce nom aux arbres débarrassés de leurs branches et non écorcés.

142. *Comment obtient-on la solidité d'un arbre en grume ?*

On le considère comme un cylindre dont la base est un cercle moyen entre les deux cercles des bouts.

143. *Comment obtient-on la solidité d'un bois équarri ?*

On le considère comme un prisme droit ayant pour hauteur sa longueur naturelle et pour base une moyenne entre les deux surfaces des bouts.

144. *Comment s'y prend-on pour trouver l'équarrissage des bois en grume ?*

On est convenu dans le commerce d'acheter ces bois au 5e réduit, lorsqu'on veut un équarrissage à vives arêtes ; et au 6e réduit lorsqu'on veut un équarrissage moins parfait.

Voici le calcul pratique pour trouver le côté de l'équarrissage des bois en grume :

---

[1] Le bois équarri ne doit pas contenir d'*aubier*, espèce de bois sans consistance, qui ne peut être admis dans les constructions.

1° *Au 5° réduit*. On prend, vers le milieu, la longueur du tour de l'arbre, on en retranche le 5°, puis on prend le quart du reste, qui donne la largeur du côté de l'équarrissage, on élève ce quart au carré et on multiplie le produit par la longueur de l'arbre.

2° *Au 6° réduit*. L'opération est la même, seulement on retranche le 6° du tour de l'arbre.

145. *Donnez un exemple relatif au solivage des bois en grume au 5° et au 6° réduits ?*

Supposons qu'on veuille connaître l'équarrissage au 5° réduit du tronc d'arbre fig. 65. Sa longueur étant de 4ᵐ 20, et sa circonférence mesurée au moyen d'un cordeau, dans le milieu de sa longueur, étant de 0ᵐ 75, on aura : 75 : 5 = 15 ; ôtant le 5° de 0,75, il reste 0,60, dont le quart est 0,15 ; multipliant ce nombre par lui-même, on obtient 0ᵐ carré 0225, puis ce produit par la longueur 4ᵐ 20, on a pour réponse : 0ᵐ cubes 094500 ou 94 décim. cubes 500 cent. cubes.

Pour l'équarrissage moins parfait, au 6° réduit, et en opérant sur les mêmes chiffres, mais en déduisant le 6° au lieu du 5° dans la longueur de la circonférence moyenne, on a 0ᵐ cubes 102522 ou 102 décim. cubes 522 cent. cubes.

146. *Comment mesure-t-on le bois de chauffage ?*

Pour mesurer le bois destiné au chauffage, on l'entasse entre les montants du stère.

147. *Qu'est-ce que le stère ?*

Le stère, fig. 66, est un instrument composé d'une *sole* ou pièce de bois A, dans laquelle sont fixés deux *montants* B B' placés à une distance d'un mètre l'un de l'autre, et maintenus dans une position perpendiculaire à la sole par deux arcs-boutants C C'. La hauteur des montants est égale à la distance qui les sépare ; et pour la commodité du mesurage, on indique sur l'un d'eux les divisions du mètre.

DOUZIÈME LEÇON

MOYENS PRATIQUES POUR OBTENIR LA CAPACITÉ D'UN TONNEAU

148. *Comment obtient-on la capacité d'un tonneau ?*

La capacité d'un tonneau s'obtient en ajoutant la surface d'un des fonds au double de celle du bouge [1], puis en multipliant cette somme par la longueur de la futaille, et enfin en prenant le tiers du produit [2].

Un autre moyen tout aussi simple mais moins approximatif d'obtenir la capacité d'un tonneau, c'est de transformer cette capacité en un cylindre ayant la même hauteur et un diamètre moyen entre celui du bouge et celui du fond.

149. *Comment, dans le commerce, procède-t-on au mesurage des tonneaux ?*

Dans le commerce, on a besoin d'une manière beaucoup plus expéditive que celle des calculs pour trouver la capacité des tonneaux ; aussi a-t-on recours à la *jauge*, espèce d'instrument ayant la forme d'une règle de fer, graduée par le calcul ou mieux par l'expérience, et qui, introduite par la bonde, et reposant sur la partie inférieure du *jable* [3], donne, par la dernière divi-

---

[1] On appelle *bouge* la section menée par la bonde parallèlement aux fonds du tonneau.

[2] Ce procédé a l'avantage de tenir compte de la courbure des douves.

[3] On appelle *jable*, la rainure pratiquée aux douves pour arrêter les pièces du fond.

sion mouillée, si le tonneau contient un liquide, ou par la division la plus rapprochée du bord intérieur de la bonde, s'il est vide, un chiffre qui représente en litres, la contenance cherchée.

150. *Les procédés dont il vient d'être question sont-ils d'une rigoureuse exactitude?*

Non, tous ces procédés ne sont que des moyens purement approximatifs; le seul avantage qu'ils offrent, c'est d'arriver promptement à une appréciation dont on se contente ordinairement dans la pratique.

151. *Comment faudrait-il procéder pour obtenir la contenance exacte d'un tonneau?*

Le seul et unique moyen qui permette d'avoir exactement cette contenance, c'est le *dépotage*, opération qui consiste à mesurer le liquide en employant un vase d'une grandeur déterminée.

TREIZIÈME LEÇON
DENSITÉ DES CORPS

152. *Qu'appelle-t-on densité d'un corps?*

On appelle *densité* d'un corps la masse ou la quantité de matière qu'il contient sous l'unité de volume, ou bien encore, le rapport de sa masse à son volume.

153. *Qu'est-ce que le poids spécifique?*

Le *poids spécifique* ou la *densité relative* d'un corps est le rapport de la densité de ce corps à la densité d'un autre corps qu'on a pris pour terme de comparaison.

154. *Comment obtient-on la densité d'un corps?*

Pour obtenir la densité d'un corps, il faut chercher le

poids de ce corps ou d'une portion de ce corps, chercher ensuite le poids d'un égal volume d'eau, puis diviser le premier poids par le second.

155. *De quelle utilité sont les tables de poids spécifiques ?*

Dans bon nombre de cas la connaissance des poids spécifiques des corps solides, liquides ou gazeux, est d'une grande utilité ; mais le principal usage des tables des poids spécifiques est de permettre de déterminer soit le poids d'un corps dont on a la densité et le volume et qu'on ne peut mettre dans une balance, soit le volume d'un corps dont on a le poids et la densité.

156. *Comment obtient-on le poids d'un corps dont on a le volume et la densité ?*

Pour obtenir le poids d'un corps dont on connaît le volume et la densité relative, on multiplie la densité par le volume qu'on a converti en litres ou en décimètres cubes ; le produit exprime le poids du corps en kilogrammes. *Formule* $P = DV$.

157. *Donnez un exemple à l'appui de cette règle ?*

Quel est le poids de 9 hectolitres 725 décilitres d'huile d'olive ; la densité de l'huile d'olive étant de 0,91 ?

Convertissons les hectolitres en litres, ou décimètres cubes.

9 hectol., valent 900 lit. et 725 décilitres valent 72 lit. 50 cent., on a 972 lit. 50 cent. ou 972 décim. cubes 50.

Si donc 1 lit. d'huile pèse 0,91,

972 lit. 50 pèseront 972,50 de fois plus ou $0,91 \times 972,50$.

Ce qui donne pour le poids total 884^{kg} 975.

158. *Comment obtient-on le volume d'un corps dont on a le poids et la densité ?*

Pour obtenir le volume d'un corps dont on connaît le

poids et la densité relative, on divise le poids converti en kilogrammes par la densité ; le quotient exprimera le volume du corps en litres ou décimètres cubes.

Formule $V = \frac{P}{D}$.

159. *Donnez un exemple à l'appui de cette règle !*

Un bloc de marbre pèse 45 myriagrammes 35 hectogrammes. Quel est son volume ?

Convertissons le poids donné en kilogrammes.

Le myriagramme valant 10 kilogrammes, il y aura dans le poids exprimé 10 fois plus de kilogrammes que de myriagrammes ou 453^{kg},5.

Et comme un décimètre cube de marbre pèse 2^{kg},70, autant de fois 2^{kg},70 sera contenu dans 453^{kg},5, autant le volume de ce bloc de marbre contiendra de décimètres cubes.

Nous avons donc :

453,5 : 2,70 = 167 déc. cubes 963 cent. cubes.

160. *Comment obtient-on la densité d'un corps dont on connaît le poids et le volume ?*

Pour obtenir la densité d'un corps dont on connaît le poids et le volume, on convertit le poids donné en kilogrammes et le volume en décimètres cubes ou en litres ; puis on divise le poids par le volume : le quotient donne la densité cherchée.

161. *Donnez un exemple à l'appui de cette règle !*

Un morceau de minerai pèse 648 grammes et son volume est de 62 cent. cubes. Quelle est sa densité ?

Appliquant la règle ci-dessus, nous avons :

648 gr. égalent 0^{kg},648,

62 cent. cubes donnent 0^{dmc},062.

En divisant 0,648 par 0,062 on obtient 10,45 ; nombre qui exprime la densité cherchée.

162. *TABLEAU des poids spécifiques de quelques substances solides, liquides et gazeuses.*

SOLIDES [1].

Platine	pèse 22 kilog.	07
Or	— 19 —	25
Mercure	— 13 —	60
Plomb	— 11 —	35
Argent	— 10 —	47
Cuivre rouge	— 8 —	87
Laiton	— 8 —	20
Fer	— 7 —	80
Étain	— 7 —	30
Zinc	— 6 —	86
Diamant	— 3 —	50
Granit	— 2 —	90
Marbre	— 2 —	70
Silex	— 2 —	60
Verre	— 2 —	50
Grès	— 2 —	40
Soufre	— 2 —	»
Cire	— 0 —	95
Glace	— 0 —	93
Liége	— 0 —	24

(accolade gauche : 1 DÉCIMÈTRE CUBE)

LIQUIDES

Eau	pèse 1 kilog.	»
Mercure liquide	— 13 —	60
Acide sulfurique	— 1 —	84
Eau de mer	— 1 —	03
Lait	— 1 —	03
Vin de Bourgogne	— 0 —	99
Huile d'olive	— 0 —	91
Alcool	— 0 —	77

(accolade gauche : 1 DÉCIM. CUBE)

GAZ

Air [2]	pèse 1 kilog.	300
Gaz acide carbonique	— 2 —	—
Oxigène	— 1 —	432
Azote	— 1 —	267
Hydrogène	— 0 —	090

(accolade gauche : 1 MÈT. CUBE)

---

[1] On rapporte à l'eau le poids spécifique des solides et des liquides, et à l'air le poids spécifique des gaz.

[2] Un litre d'air à la température de *zéro* et sous la pression barométrique 0ᵐ 76 au niveau de la mer pèse 1 gramme 2991.

Au tableau qui précède, on peut joindre les densités de quelques autres substances, quoique ces densités n'aient pu être déterminées d'une manière tout à fait précise :

	Poids du mètre cube en kilogrammes.
Pierre à plâtre ordinaire,	2 168
Pierre meulière,	2 484
Briques les plus cuites,	2 200
Briques les moins cuites.	1 500
Sable,	1 800
Terre végétale,	1 400
Terre glaise,	1 900

La connaissance de la densité des grains est d'une assez grande importance pour qu'il en soit parlé ici.

On a besoin, en effet, de connaître ce que pèse une mesure de contenance déterminée remplie successivement de blé, de seigle, d'avoine, etc. ; le poids ainsi obtenu donne la densité de ces différentes sortes de grains.

Il est évident que la bonne ou la mauvaise qualité des graines est proprotionnelle à leur densité.

	Poids de l'hectolitre en kilogrammes.
Blé ou froment,	76
Vesces,	75
Seigle,	66
Sarrasin ou blé noir,	65
Maïs ou blé de Turquie,	60
Orge,	60
Avoine,	51

QUATORZIÈME LEÇON

MOYENS FACILES

POUR MESURER LA HAUTEUR D'UN ARBRE OU D'UN ÉDIFICE,
LA LARGEUR D'UN ÉTANG OU D'UNE RIVIÈRE, LA LONGUEUR D'UNE LIGNE
DONT LES EXTRÉMITÉS SEULES SONT ACCESSIBLES.

163. *Mesurer la hauteur d'un arbre, le pied étant accessible.*

1er PROCÉDÉ. Plantez verticalement un jalon CD, à une distance de plusieurs mètres du pied de l'arbre, fig. 67, et sur le prolongement de la ligne formée par le pied de l'arbre et ce jalon, placez un second jalon EF, moins élevé que le premier, et de manière à pouvoir faire passer un rayon visuel effleurant les points E et C et la cime A de l'arbre. Puis déterminez, par un nouveau rayon visuel, le point G. Ces différents points connus, multipliez GB par CD, et divisez le produit obtenu par GD, vous aurez au quotient la hauteur de l'arbre. Remplaçant, en effet, par leur valeur, les longueurs GB, CD et GD, il vient :

$$Hauteur\ de\ l'arbre = \frac{4.5 \times 1.50}{1.20}\ ou\ 5^m,62.$$

2e PROCÉDÉ. Placez deux jalons dont l'un soit le double de l'autre, de manière que la distance qui les sépare soit égale à la longueur du petit jalon, et de manière aussi qu'un rayon visuel, passant par leurs extrémités, effleure la cime de l'arbre. Déterminez ensuite le point B, fig. 68. La distance qui sépare B du pied de l'arbre vous donnera sa hauteur.

164. *Mesurer, au moyen de l'ombre, la hauteur d'un arbre ou d'un édifice dont le pied est accessible.*

Plantez un jalon verticalement ; mesurez sa longueur hors de terre, puis la longueur de son ombre et enfin celle de l'arbre ou de l'édifice dont vous vous proposez d'avoir la hauteur. Autant de fois l'ombre du jalon sera contenue dans l'ombre de l'arbre ou de l'édifice, autant de fois la hauteur du jalon sera contenue dans la hauteur cherchée.

EXEMPLE. Supposons que le jalon ait 1ᵐ 25 de hauteur hors de terre et 2 mètres d'ombre, et qu'un arbre ait 18 mètres d'ombre ; nous trouverons d'abord que l'ombre du jalon est contenue 9 fois dans l'ombre de l'arbre, d'où nous concluons que la hauteur de l'arbre est 9×1,25 ou 11ᵐ 25.

165. *Mesurer la largeur d'une rivière, d'un étang, etc.*

Soit proposé de mesurer la largeur d'une rivière. Fig. 69.

Placez au point B un jalon BE, et, sur le prolongement de AB, un second jalon CD, de manière que le rayon visuel effleure les extrémités D et E en se reposant sur le point A. Mesurez BC, DC et EB qui donnent : 3ᵐ, 1ᵐ 50 et 1ᵐ 10 ; vous aurez pour la largeur cherchée : $\frac{BC \times BE}{CD - BE}$ ou en remplaçant par leurs valeurs les quantités de cette égalité :

$$Largeur\ de\ la\ rivière = \frac{3 \times 1.10}{1.50 - 1.10}\ ou\ 8ᵐ\ 25.$$

166. *Mesurer la longueur d'une ligne dont les extrémités seules sont accessibles.*

Soit la ligne AB traversant l'étang E. Fig. 70.

Prenez un point O quelconque, de manière toutefois que vous puissiez aller directement aux extrémités A et B. Mesurez OB et OA, et tracez OD=OA et OC=OB ; la distance CD qu'il est facile de mesurer, est la longueur cherchée.

EXERCICES NUMÉRIQUES

PROBLÈMES SUR LES SURFACES

1. — Une terrain a la forme d'un carré dont le côté est de 85 m. 50 ; quelle est sa surface en ares ?

2. — Un jardin est partagé en quatre carreaux ayant la forme de carrés parfaits. Chacun de ces carreaux a 5 m. 45 de côté ; quelle est la surface totale des quatre carreaux ?

3. — Une salle carrée a 4 m. 80 de côté ; combien faudra-t-il de dalles carrées ayant 0 m. 4 de côté pour paver cette salle ?

4. — Combien paierait-on un champ carré de 40 m. 30 de côté à raison de 32 fr. 50 l'are ?

5. — Un champ a 150 m. 60 de longueur et 28 m. 20 de largeur ; quelle est sa surface en ares ?

6. — Une salle a 5 m. 40 de long et 4 m. 80 de large ; un ouvrier se charge de blanchir les quatre murs et le plafond à raison de 0 fr. 20 le mètre carré, faire et fournir ; combien lui est-il dû, y compris les ouvertures qui ne se déduisent pas ?

7. — Les deux versants d'une toiture ont chacun 10 m. 80 de longueur et 6 m. 15 de largeur. Sachant qu'il faut ordinairement 50 tuiles creuses par mètre carré, on demande combien il est entré de tuiles dans la confection de cette toiture ?

8. — On veut construire, dans une propriété de 64 m. 80, et sur toute la longueur de cette propriété, un verger ayant une surface de 21 m. 80 ; quelle largeur faudra-t-il prendre ?

9. — Le périmètre d'un champ rectangulaire est de 354 m. ; quelle est la surface de ce champ, sachant que la longueur est double de la largeur ?

10. — Un champ rectangulaire a 1 Hect. 20 ares de surface et 70 m. de largeur. Ce champ appartient à deux propriétaires, dont le premier réclame 70 ares et le second 50 ; combien chaque propriétaire aura-t-il de largeur ?

11. — J'ai une propriété qui a 148 m. de long ; l'ayant mesurée, j'ai constaté que mon voisin a anticipé de 2 ares sur moi ; combien m'en a-t-il pris de largeur ?

12. — La superficie d'un triangle est de 1 are 7418, sachant que sa base est de 23 m. 90, on demande quelle est sa hauteur ?

13. — Un triangle a une surface de 76 m. c. 4950. Sa base étant de 18 m. 60, quelle est sa hauteur ?

14. — On a fait cimenter une surface triangulaire de 6 m. 50 de hauteur sur 4 m. de base, pour 32 fr. 50; combien a coûté le mètre carré ?

15. — On voudrait échanger une chenevière ayant la forme d'un triangle de 80 mètres de base sur 40 de hauteur, contre une parcelle de pré de la même surface, mais de forme rectangulaire, à prendre dans une propriété de 180 mètres de longueur; quelle largeur faudra-t-il prendre ?

16. — Trouver la base d'une propriété rectangulaire ayant 3 hect. 60 ares 18 cent. de surface et 64 m. 80 de largeur ?

17. — On mesure la grande base d'un trapèze et l'on trouve 18 m. 30; on mesure de même la petite base et l'on trouve 13 m. 05. Sachant que la distance perpendiculaire entre ces deux bases est de 9 m. 70, on demande quelle est la surface de ce trapèze ?

18. — Combien coûterait un terrain ayant la forme d'un trapèze dont les bases ont, l'une 180 m. 20 et l'autre 110 m. 50, et dont la hauteur est de 48 m. 60, à raison de 1,560 fr. l'hectare ?

19. — On veut faire construire un mur sur une longueur de 18 m. 40, une hauteur de 4 m. 50 à un angle et de 6 m. à l'autre angle, à raison de 1 fr. 20 le mètre carré; combien coûtera la construction de ce mur ?

20. — La surface d'un trapèze est de 1 hect. 32 ares 05; sachant que la distance perpendiculaire entre les deux parallèles est de 9 m. 50, et que l'une des parallèles a 4 m. 40 de plus que l'autre, on demande quelle est la longueur de chacune de ces parallèles ?

21. — La hauteur d'un trapèze est de 12 m. 10; la longueur de la grande base surpasse cette hauteur de 6 m. 70, et la petite base a 7 m. 80 de moins que la grande; quelle est la surface de ce trapèze ?

22. — Une propriété ayant la forme d'un trapèze a 18 ares de surface, 180 m. d'une base et 120 m. de l'autre; on demande la hauteur de ce trapèze ?

23. — On sait que le diamètre est contenu 3,1416 fois dans la circonférence; quelle est, d'après cela, la longueur d'une circonférence dont le diamètre est de 0 m. 72 ?

24. — Quel est le diamètre d'un cercle ayant 17 m. de circonférence ?

25. — Quel est le rayon d'un cercle qui a 15 m. de circonférence ?

26. — La longueur d'une circonférence est de 7 m. 854; celle du rayon est de 2 m. 50; quelle est la surface du cercle limité par cette circonférence ?

27. — Le rayon d'un cercle a une longueur de 0 m. 265; quelle est la superficie de ce cercle ?

28. — Le rouleau employé par un cultivateur pour briser les mottes a 1 m. 40 de tour, quelle est la surface du bout ?

29. — Combien paierait-on, à raison de 2 fr. 40 le mètre carré, pour faire cimenter le fond d'une citerne circulaire ayant 5 m. de diamètre ?

30. — Le diamètre d'une roue de voiture est de 1 m. 20; quelle sera la distance parcourue lorsque cette roue aura fait 624 tours?

31. — La roue de devant d'un chariot a 1 m. 04 de diamètre et celle de derrière 1 m. 50; on demande combien elles feront de tours pour parcourir 3 kilom. 025, et combien la première en fera de plus que la seconde ?

32. — Le rayon d'un secteur est de 0 m. 038 et l'arc qui lui sert de base a 125°; quelle est la surface de ce secteur ?

33. — Un secteur a un arc de 120°40' et un rayon de 3 m. 20, quelle est sa surface?

34. — Combien coûterait la peinture d'un secteur dont le rayon a 2 m. 20 et l'arc 70°, à raison de 1 fr. 75 le mètre carré ?

35. — Un segment a un arc de 82°, une corde de 6 m. 60; le rayon du secteur est de 5 m.; la hauteur du triangle isoscèle formé par les deux rayons et la corde est de 3 m. 30; on demande la surface de ce segment ?

36. — Un cercle a 63 millim. de rayon. Sachant qu'au moyen d'un compas, le rayon se porte 6 fois exactement sur la circonférence, on demande quelle serait la surface d'un segment dont la corde serait égale à ce rayon et dont la flèche aurait 9 millim.?

37. — Deux circonférences concentriques ont, l'une 85 millim. et l'autre 59 mill'm. de rayon; quelle est la surface de la couronne comprise entre ces deux circonférences ?

38. — Deux circonférences ont même centre, mais l'une a un rayon de 4 m. 50, tandis que celui de l'autre n'est que de 3 m. 15; quelle est la surface de la couronne comprise entre ces deux circonférences?

39. — Un fleuriste a tracé autour d'une corbeille de fleurs circulaire un sentier de 0 m. 65 de largeur. Le rayon de la corbeille étant de 1 m. 75, quelle est la surface occupée par le sentier?

40. — Le grand axe d'une ellipse a 2 m. 45 et le petit axe 1 m. 60; quelle est la surface de cette ellipse?

41. — L'orifice d'un vase est une ellipse dont le grand axe est de 185 millim. et le petit axe de 135 millim.; quelle serait la surface d'une feuille de métal qui recouvrirait l'orifice de ce vase en débordant de 2 millim. tout autour?

42. — Trouver la surface latérale d'un prisme triangulaire qui a pour bases des triangles équilatéraux de 0 m. 27 de côté et dont la hauteur est de 1 m. 25 ?

43. — Un parallélipipède rectangle qui a 1 m. 25 de hauteur a pour bases des carrés de 0 m. 48 de côté; quelle est sa surface latérale?

44. — Un prisme hexagonal a 0 m. 86 de hauteur et les bases sont des hexagones réguliers dont les côtés ont 45 millim.; quelle est sa surface latérale?

45. — On a fait peindre les faces latérales d'un pilier octogonal régulier ayant 6 m. 80 de hauteur et 0 m. 35 de côté; combien a coûté cette peinture à 1 fr. 75 le mètre carré?

46. — Une pyramide a pour base un triangle équilatéral dont les côtés ont 0 m. 6 ; la hauteur des triangles isocèles latéraux étant de 1 m. 65, quelle est la surface latérale de cette pyramide ?

47. — Une pyramide pentagonale a pour base un polygone régulier dont les côtés ont 0 m. 25 ; la distance perpendiculaire du sommet aux côtés de cette base étant de 0 m. 72, quelle est la surface latérale de cette pyramide ?

48. — La flèche d'un clocher est une pyramide quadrangulaire dont la base est un carré ayant 4 m. 05 de côté. La perpendiculaire abaissée du sommet sur les côtés de la base ayant 7 m. 20, on demande combien il a fallu d'ardoises pour recouvrir cette flèche, sachant qu'on emploie communément 85 ardoises par mètre carré ?

49. — Un bloc de pierre ayant la forme d'une pyramide quadrangulaire tronquée à 2 m. 15 de long sur 1 m. 45 de large à sa base inférieure ; 1 m. 85 et 1 m. à sa base supérieure et pour hauteur 0 m. 54 ; quelle est sa surface latérale ? sa surface totale ?

50. — Un cylindre a 2 m. 05 de circonférence et 3 m. 25 de hauteur ; on demande la surface latérale de ce cylindre ?

51. — On fait construire une citerne de forme cylindrique ayant 3 m. 20 de profondeur et 3 m. 25 de diamètre, à 6 fr. 50 le mètre carré ; combien a-t-elle coûté y compris le fond ?

52. — La base d'un cylindre a 84 millim. de diamètre ; la longueur de ce cylindre étant de 68 centim., quelle serait la superficie de la pièce de velours nécessaire pour recouvrir ce cylindre ?

53. — La surface latérale d'un cylindre est de 19 m. c. 01 ; sa circonférence est de 3 m. 40 ; trouver sa hauteur ?

54. — Un cylindre a 20 mètres carrés de surface latérale ; quel est son diamètre, sachant que ce cylindre a 4 mètres de hauteur ?

55. — Quelle est la surface latérale d'un cône ayant 1 m. 86 de circonférence et 2 m. 25 de génératrice ?

56. — Quelle est la surface totale d'un cône qui a 0 m. 80 de diamètre à sa base et 3 m. 40 de génératrice ?

57. — Le comble d'une tour a la forme d'un cône dont la base est une circonférence de 12 m. 15. Combien a-t-il fallu d'ardoises, à raison de 85 par mètre carré, pour recouvrir ce comble, sachant que la distance du sommet au bord de cette toiture est de 0 m. 30 ?

58. — La surface latérale d'un cône est de 4 m. c. 4625 ; la génératrice de ce cône étant de 3 m. 15, quel est le diamètre de sa base ?

59. — Quelle est la surface latérale d'un cône tronqué ayant 0 m. 80 de génératrice et dont les circonférences ont 2 m. 50 et 1 m. 90 ?

60. — Quelle serait la surface d'une sphère dont le diamètre serait de 164 millimètres ?

61. — Le diamètre moyen de la terre étant de 12,732,400 mètres, quelle est, en myriamètres carrés, la superficie du globe terrestre ?

62. — Les batteurs d'or font avec ce métal des feuilles tellement

minces que la valeur intrinsèque d'un mètre carré de ces feuilles n'est que de 6 fr. 75. D'après cela, quelle serait la valeur de l'or nécessaire pour dorer une sphère de 0 m. 34 de rayon ?

63. — La boule où se trouve implantée la croix du clocher de Notre-Dame a 1 m. 80 de diamètre ; quelle est la surface de cette boule ?

64. — Quelle est la surface d'une calotte sphérique de 0 m. 19 de hauteur, détachée d'une sphère qui aurait 0 m. 28 de rayon ?

PROBLÈMES SUR LES VOLUMES

65. — On demande le volume d'un prisme triangulaire ayant 0 m. 60 de hauteur et dont la base aurait pour dimensions 1 m. 40 et 1 m. 12 ?

66. — Une poutre a 6 m. 75 de longueur, 0 m. 45 de largeur et 0 m. 38 d'épaisseur ; quel est son volume en décistères ?

67. — Un bloc de pierre présente les dimensions suivantes : 1 m. 40 de longueur, 85 centim. de largeur et 75 centim. d'épaisseur ; quel est son volume ?

68. — Un tas de bois de chauffage a 2 m. 33 de long, 1 m. 16 de large et aussi 1 m. 16 de hauteur ; trouver son volume ?

69. — On fait creuser un réservoir de 7 m. 80 de longueur, 2 m. 85 de largeur et 1 m. 00 de profondeur ; combien coûtera ce travail à 1 fr. 30 le mètre cube ? Combien ce réservoir contiendrait-il de litres d'eau s'il était plein ?

70. — On veut faire un tas de bois de chauffage de 3 stères ; pour cela, on fiche en terre deux pieux qu'on écarte de 2 m. 33 ; si l'on donne aux bûches une longueur de 1 m. 16, à quelle hauteur faudra-t-il élever ces bûches entre les deux montants ?

71. — On fait creuser, à raison de 0 fr. 20 le mètre cube, un fossé de 120 m. 15 de long avec des talus inclinés ; la profondeur de ce fossé est de 0 m. 65, sa plus grande largeur de 1 m. 70 et sa largeur au fond de 0 m. 45 ; combien sera-t-il dû à l'ouvrier ?

72. — Un prisme a 0 m. 38 de base ; son volume étant de 39 m. cubes 865, quelle est sa hauteur ?

73. — Un élève a entre les mains un double décimètre, qui est un prisme quadrangulaire dont les bases parallèles sont des trapèzes ; ces trapèzes ont pour côtés parallèles 25 millim. et 13 millim., et pour hauteur 4 millim. ; trouver le volume de ce prisme ?

74. — On obtient avec une approximation suffisante le volume des tas de pierres placés sur les routes en multipliant la longueur moyenne par la largeur moyenne et le produit par la hauteur. D'après cela, quel est le volume d'un tas de pierres qui a 2 m. 80 de longueur sur le sol et 2 m. 40 à l'arête supérieure, 1 m. 30 de largeur sur le sol et 1 m. 10 à l'arête supérieure, la hauteur verticale étant de 0 m. 50 ?

75. — Une auge en pierre a 0 m. 72 de largeur à l'orifice, 0 m. 54

de largeur au fond, 0 m. 49 de profondeur et 2 m. 50 de longueur; combien cette auge peut-elle contenir de litres d'eau ?.

76. — Un fermier fait établir, pour recueillir le purin, une fosse cubique de 2 m. 10 d'arête intérieure; combien d'hectolitres de purin contiendra-t-elle lorsqu'elle sera pleine aux 2/3 ?

77. — Un espace rectangulaire ayant 45 m. 20 de long et 27 m. 60 de large est entouré d'un mur de 1 m. 75 de hauteur et 0 m. 45 d'épaisseur; combien a coûté ce mur à 4 fr. 50 le mètre cube ?

78. — On a payé 35 fr. 40 pour une pierre de taille qui a 1 m. 80 de longueur, 0 m. 80 de largeur et 0 m. 50 d'épaisseur; combien a coûté le mètre cube ?

79. — Quel est le volume d'une pyramide quadrangulaire régulière de 3 m. 45 de hauteur et dont la base a 1 m. 30 de côté ?

80. — Le volume d'une pyramide étant de 10 m. c. 412 et sa hauteur de 4 m. 05, quelle est la superficie de sa base ?

81. — Le volume d'une pyramide étant de 117 m. c. 733 et sa base ayant une surface de 42 m. c. 35, on demande à connaître sa hauteur.

82. — Quel est le volume d'une pyramide quadrangulaire tronquée de 1 m. 40 de hauteur et dont la base inférieure est un carré de 80 centim. de côté et la base supérieure de 30 centim. ?

83. — Quel est le volume d'une pyramide hexagonale régulière de 3 m. 60 de hauteur et dont la base est formée de six triangles égaux ayant chacun 0 m. 91 de base et 0 m. 75 de hauteur ?

84. — La base d'un cylindre a 0 m. 73 de rayon; ce cylindre ayant 4 m. 20 de longueur, quel est son volume ?

85. — La base d'un cylindre ayant une surface de 2 m. c. 18 et le volume de ce cylindre étant de 6 m. c. 867, trouver sa hauteur ?

86. — Le rouleau qu'emploie un cultivateur a 1 m. 45 de tour et 2 m. 10 de longueur; quel est son volume ?

87. — La meule à l'aide de laquelle un huilier broie ses graines a 1 m. 75 de diamètre et 0 m. 37 d'épaisseur; on demande le poids de cette meule, sachant que le décimètre cube de cette pierre pèse 2 kilogr. 15 ?

88. — Un puits a 6 m. 60 de profondeur et 1 m. 60 de diamètre; combien a-t-il coûté à creuser, à raison de 2 fr. 15 le mètre cube ? On y a mis un revêtement en maçonnerie de 0 m. 30 d'épaisseur; quel est le volume de cette maçonnerie ? Quelle est alors la capacité de ce puits ?

89. — Un bassin circulaire a 1 m. 40 de diamètre et 0 m. 75 de profondeur; combien un robinet fournissant 15 litres d'eau par minute sera-t-il de temps pour remplir ce bassin ?

90. — Quel est le volume d'un cône ayant 1 m. 80 de circonférence à sa base et 1 m. 50 de hauteur ?

91. — La base d'un cône a une superficie de 0 m. c. 65; la hauteur de ce cône est de 0 m. 75; quel est son volume ?

92. — Le rayon de la base d'un cône est de 1 m. 75; sachant que la hauteur de ce cône est de 2 m. 92, on demande quel est son volume?

93. — La base d'un cône a une surface de 1 m. c. 25; le volume de ce cône étant de 0 m. c. 900, quelle est sa hauteur?

94. — Le volume d'un cône est de 0 m. c. 100316848; sa hauteur étant de 1 m. 05, quelle est la surface de sa base? Le rayon de cette base étant de 0 m. 54, quelle serait la longueur du fil qui mesurerait exactement à la base le tour de ce cylindre?

95. — Quel est le volume d'un cône tronqué ayant 1 m. 43 de hauteur, 0 m. 90 de diamètre à une base et 1 m. 10 à l'autre base?

96. — Une cuve a 1 m. 60 de profondeur, 2 m. 60 de diamètre à l'orifice et 1 m. 80 de diamètre au fond; combien contient-elle d'hectolitres?

97. — Quelle est, en litres, la contenance d'un seau de 0 m. 28 de profondeur, 0 m. 25 de diamètre au bord et 0 m. 18 au fond?

98. — Une cuve a 1 m. 70 de diamètre au fond, 1 m. 95 de diamètre à l'orifice et 1 m. 85 de hauteur; le vin qu'elle contient est estimé 57 fr. les 228 litres; quelle est la valeur de ce vin sachant qu'il occupe les 2/3 de la capacité de la cuve?

99. — La surface d'une sphère est de 113 m. c. 0976; son rayon étant de 3 m. quel est son volume?

100. — Une sphère a 3 m. 12 de rayon; quel est son volume?

101. — Le rayon du globe terrestre étant de 6,366,200 mètres; quel est en myriamètres cubes le volume de la terre?

102. — Un ballon sphérique a 4 m. 78 de rayon; combien faut-il de mètres cubes de gaz hydrogène pour le gonfler? Combien de litres? Combien a-t-on employé de m. carrés de taffetas dans sa construction?

103. — La base d'un secteur sphérique a une surface de 0 m. 75; le rayon ayant une longueur de 0 m. 28, quel est le volume de ce secteur?

104. — Le rayon d'un secteur sphérique est de 1 m. 20; la calotte sphérique qui lui sert de base a une épaisseur de 0 m. 03; quel est le volume de ce secteur?

PROBLÈMES SUR LES BOIS ÉQUARRIS, EN GRUME
ET DE CHAUFFAGE

105. — Un arbre équarri a 5 m. 60 de longueur; le côté d'équarrissage ayant 42 centim. au gros bout et 33 centim. au petit bout, trouver en décistères le volume de cet arbre?

106. — La grande base d'un arbre équarri à vives arêtes a 37 centim. de côté et la petite base 20 centim.; quel est le côté de la base moyenne; quel est le volume de l'arbre, sa longueur étant de 5 m. 40?

107. — On a vendu 150 fr. un arbre équarri ayant 4 m. 50 de

5

longueur, avec une section moyenne de 0 m. 8 de largeur sur 0 m. 7 d'épaisseur ; combien a coûté le décistère ?

108. — Un arbre équarri a 2 m. 50 de longueur et 6 décistères 24 millistères de volume ; sachant que la section moyenne a une largeur de 0 m. 60, trouver l'autre dimension ?

109. — Quel est le volume, en décistères, d'un arbre équarri ayant 4 m. 50 de longueur, 0 m. 60 de largeur à un bout, 0 m. 52 à l'autre ; 0 m. 54 d'épaisseur à un bout et 0 m. 45 à l'autre ?

110. — Le volume d'un arbre équarri est de 931 d. m. c. 275 ; il a 3 m. 25 de longueur, 65 centim. de largeur et 0 m. 49 d'épaisseur à un bout ; sachant que la largeur de l'autre bout est de 52 centim., trouver l'épaisseur de ce bout ?

111. — On mesure, à égale distance des deux bouts, le tour d'un arbre en grume et l'on trouve 1 m. 24 ; la longueur de cet arbre étant de 6 m. 50, quel est, au 5° réduit, son volume en décistères ?

112. — Quel est le volume d'un arbre ayant 8 m. 45 de longueur et une circonférence moyenne de 0 m. 84, 1° en décistères ; 2° en décimètres cubes ?

113. — Quel serait le volume de cet arbre, 1° au 5° réduit ; 2° au 6° réduit ?

114. — Quelle est la valeur d'un hêtre ayant 12 m. de long et 1 m. 20 de circonférence moyenne, sachant que le décistère se vend 2 fr. 55 et que le hêtre doit être solivé au 6° réduit ?

115. — Un marchand de bois offre d'un chêne de 1 m. 80 de circonférence moyenne et de 7 m. 50 de longueur les prix suivants : 3 fr. 80 du décistère en grume ; 7 fr. du décistère au 6° réduit et 7 fr. 55 du décistère au 5° réduit ; quel est le prix le plus avantageux pour le vendeur ?

116. — Pourquoi, dans le solivage au 5° réduit, quand le 1/5 est retranché de la circonférence de l'arbre, le quart du reste est-il toujours égal à ce cinquième ?

117. — On a payé 79 fr. 36 un arbre en grume et au 5° réduit ; sachant que cet arbre a 6 m. 20 de longueur et 1 m. 60 de tour au milieu, dire combien a coûté le décistère ?

118. — Un arbre en grume, solivé au 5° réduit, cube 9 décist. 92 ; sa longueur étant de 6 m. 20, quelle est sa circonférence moyenne ?

119. — Quel est le volume d'un tas de bois à brûler ayant 12 m. 10 de longueur, 1 m. 30 de largeur et 2 m. 40 de hauteur ?

120. — Dans les coupes, le bois destiné à être converti en charbon se façonne ordinairement à 0 m. 666 de longueur. D'après cela, si l'on donne 3 m. de couche à un tas de bois de charbonnette, à quelle hauteur faudra-t-il élever ces tas pour avoir un volume de 2 stères ?

121. — On a vendu 31 fr. un tas de bois présentant les dimensions suivantes : longueur, 2 m. 35 ; largeur, 1 m. 15 ; hauteur, 1 m. 15 ; quel est le prix du stère ?

122. — Un bûcheron se propose de construire un tas de bois de

chauffage de 4 stères; il donnera à ce tas 2 m. 50 de longueur et 1 m. 20 de hauteur; quelle dimension devra-t-il donner à ses bûches?

123. — Un tas de bois a 12 m. 50 de longueur, 1 m. 30 de largeur et 3 m. 40 de hauteur; on demande combien un voiturier fera de voyages pour l'enlever, sachant qu'il charge 4 stères par voyage?

CONTENANCE DES TONNEAUX

124. — Le diamètre des fonds d'un tonneau est de 0 m. 62; celui du bouge est de 0 m. 75 et la longueur intérieure de ce tonneau est de 0 m. 83; trouver la capacité de ce tonneau?

125. — Exprimer en décimètres cubes, puis en hectolitres, la capacité d'un tonneau dont les dimensions sont les suivantes : diamètre des fonds, 0 m. 74; diamètre du bouge, 0 m. 92; longueur intérieure de la futaille, 1 m. 08?

126. — Un tonnelier veut construire un tonneau de 5 hectolitres; il donnera aux fonds un diamètre de 0 m. 70, au bouge un diamètre de 0 m. 90; quelle longueur intérieure devra avoir ce tonneau?

127. — Ce tonnelier veut construire un autre tonneau contenant encore 5 hectolitres; il dispose les douves de manière que la futaille ait 1 m. de longueur; il donnera au bouge un diamètre de 0 m. 81; sachant que les fonds doivent entrer de 0 m. 008 dans le jable, quel rayon devra-t-il leur donner?

128. — Un foudre a les dimensions suivantes : longueur intérieure, 2 m. 15; diamètre des fonds, 1 m. 62; diamètre du bouge, 1 m. 86. Trouver par les deux méthodes sa capacité en mètres cubes; trouver la valeur du vin qu'il contient à raison de 25 fr. l'hectolitre?

129. — Un négociant a acheté 300 barriques de vin à raison de 35 fr. l'hectolitre; le propriétaire demande 27,300 fr., prétendant que chaque barrique contient 260 litres. Le négociant fait mesurer une barrique, toutes étant de même capacité, et trouve qu'elle a 0 m. 95 de longueur intérieure, que le diamètre du bouge est de 0 m. 60 et celui des fonds 0 m. 50. D'après ces dimensions quel rabais doit-il faire au vendeur?

DENSITÉ DES CORPS

130. — Trouver la densité d'une pièce de bois de chêne de 648 décim. cubes de volume et pesant 537 kilogr. 48?

131. — Une cruche de 6 litres 50 est remplie d'huile d'olives. Quel est le poids de cette huile sachant que sa densité est de 0 kilogr. 91?

132. — Une cruche pleine d'huile d'olives pèse 18 kilogr. 3; quelle est la contenance de cette cruche, sachant que vide elle pèse 4 kilogr. 286?

133. — Quel est le volume d'un lingot de plomb pesant 8 hecto-grammes ?

134. — Quel est le poids d'un peuplier dont la densité est de 0 kilogr. 40 et dont le volume est de 5,25 décistères ?

135. — Quel est le poids d'une plaque de zinc ayant 1 m. 45 de long, 43 centim. de large et 2 millim. 1/2 d'épaisseur et percée de 3 trous circulaires de 45 millim. de rayon ?

136. — Un tonneau vide pèse 45 kilogr. 5; plein de vin de Bourgogne, il pèse 264 kilogr. Quelle est sa contenance (densité du vin, 0 kilogr. 99) ?

137. — Un baril d'huile d'olives contenant 90 litres pèse plein 92 kilogr. 80; la densité de cette huile étant de 0,91, trouver le poids de l'huile et celui du baril vide ?

138. — On demande le poids d'une pièce de bois de hêtre équarrie ayant 2 m. 4 de longueur, 0 m. 6 d'épaisseur et 0 m. 45 de largeur, sachant que la densité de ce bois est de 0 kilogr. 85 ?

139. — On a construit un ballon de 10 mètres de diamètre; quel sera le poids de la quantité d'hydrogène nécessaire pour gonfler ce ballon ?

140. — Le lait qu'une laitière apporte au marché ne pèse que 1 kilogr. 024 le litre; quelle quantité d'eau y a-t-elle ajoutée ?

141. — Une poutre en sapin a 8 m. de long sur 34 centim. d'équarrissage à chaque bout. Si elle était posée à plat sur l'eau, jusqu'à quel point de son épaisseur enfoncerait-elle, sachant que la densité du sapin est de 0 kilogr. 60 et que lorsqu'un corps flotte sur un liquide il s'y enfonce jusqu'à ce que le poids du liquide déplacé soit égal au poids du corps flottant ?

142. — On a un cylindre de 54 centim. de diamètre et en partie plein d'eau; on y plonge un morceau de plomb qui fait élever l'eau de 35 millim. Quel est le volume de ce corps ?

143. — Une colonne cylindrique de marbre ayant 0 m. 62 de diamètre et 6 m. 20 de hauteur pèse 5,064 kilogr. 736; trouver la densité de ce marbre ?

144. — Calculer le rayon d'une sphère d'argent d'une valeur de 5,000 fr. au titre légal des monnaies (densité de l'argent monnayé, 10 kilogr. 318).

LYON. — IMPRIMERIE COMMERCIALE, PITRAT AÎNÉ, RUE GENTIL.

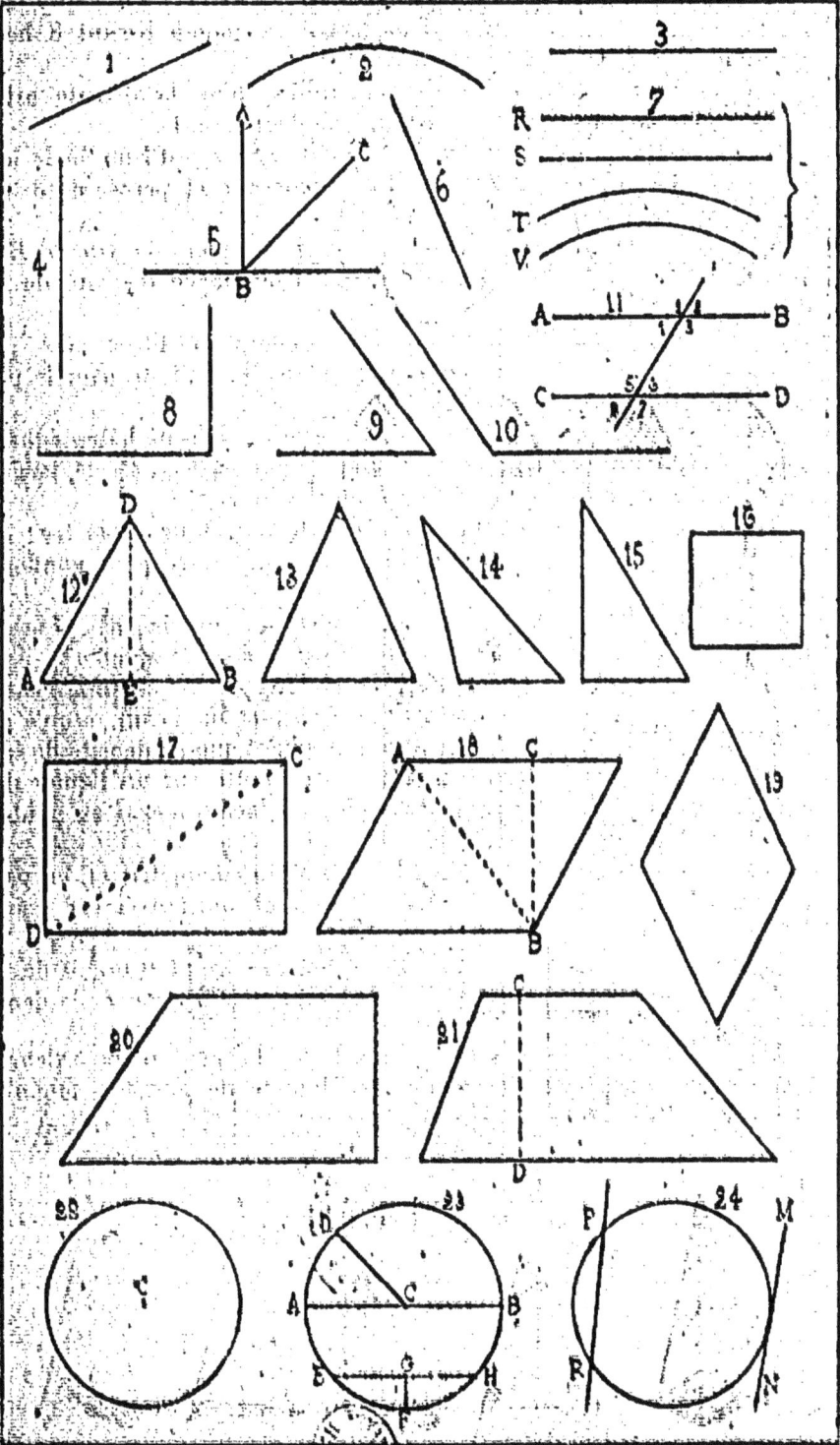

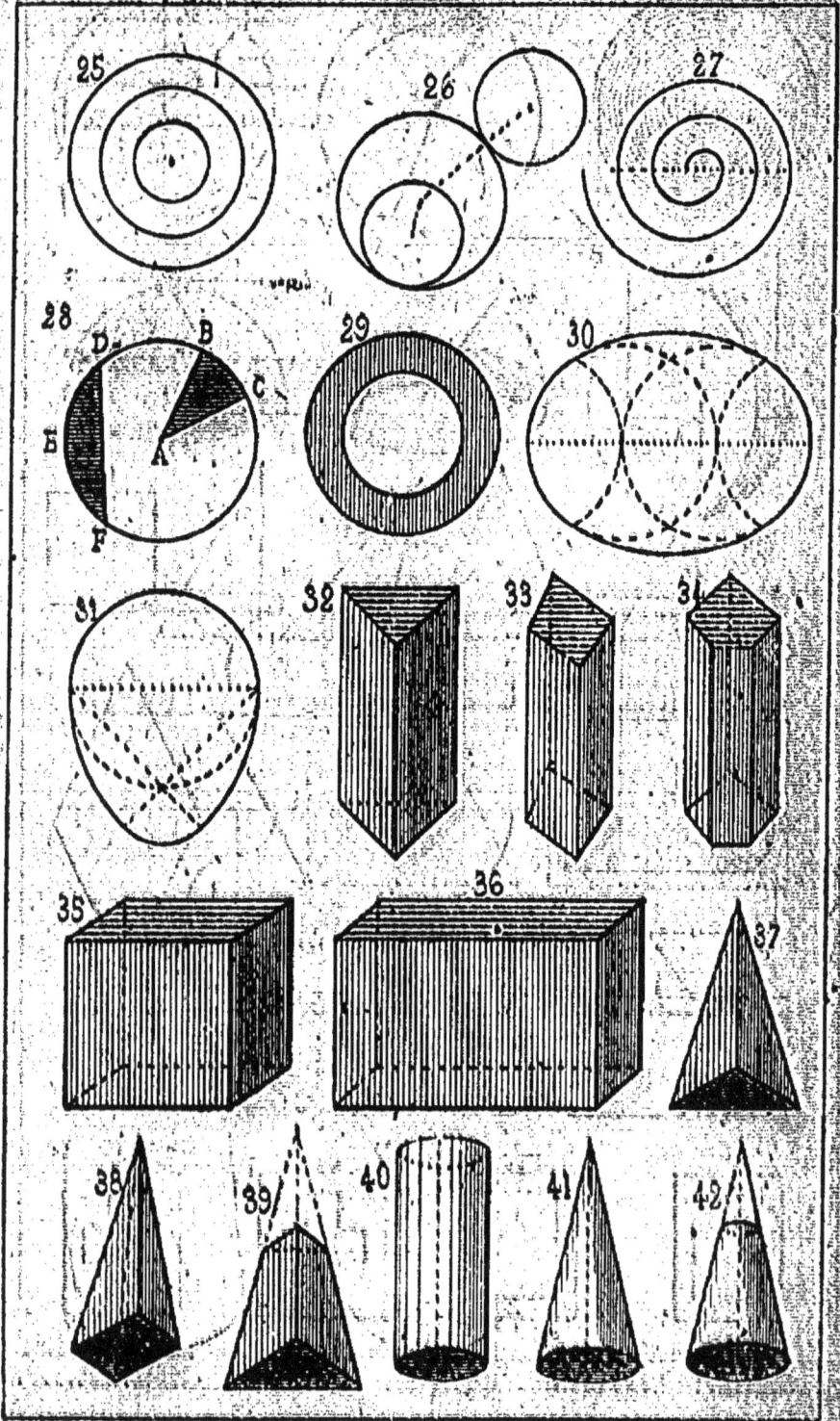

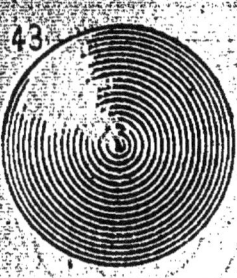

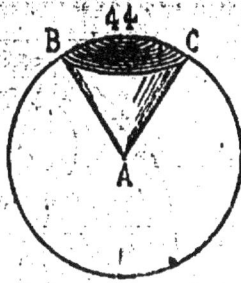

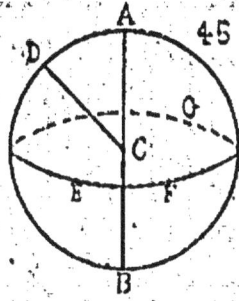

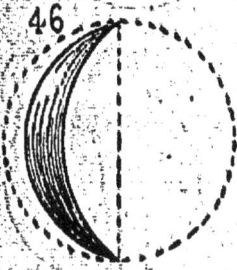

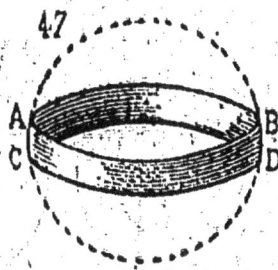

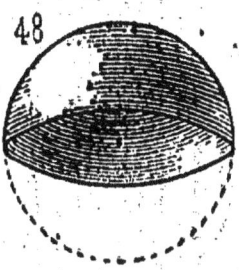

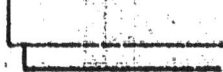

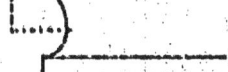

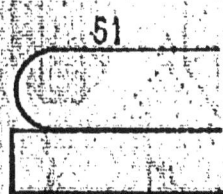

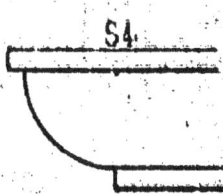

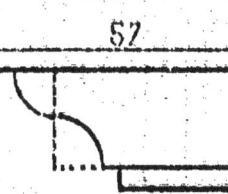

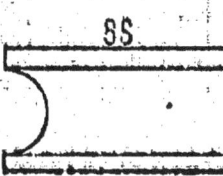

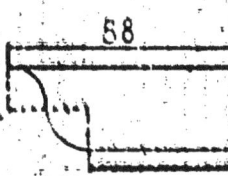

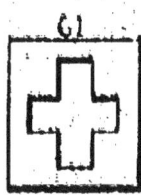

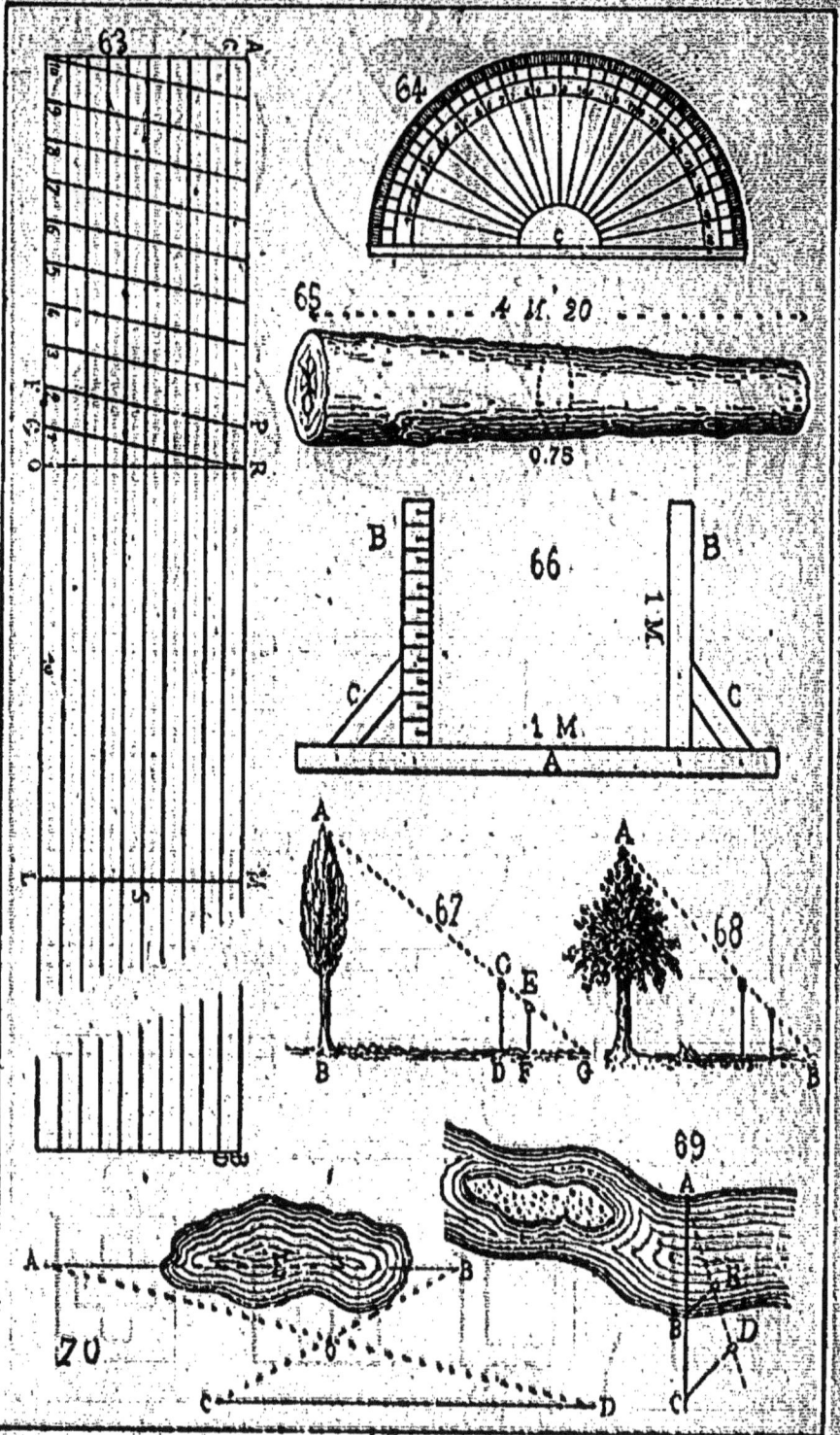

63

64

65   4 M. 20

0.75

66

B
C
1 M
A
B
1 M.
C

67

68

A
B
C E
D F G
B

A
B
B

69

A
B
B
C
D

70

A
B
C D

www.ingramcontent.com/pod-product-compliance
Lightning Source LLC
Chambersburg PA
CBHW071238200326
41521CB00009B/1530